MSP430 LaunchPad
项目化学习指南

刘成尧　编著

北京航空航天大学出版社

内 容 简 介

本书对 TI 公司 MSP430LaunchPad 开发平台进行了详细介绍。使用 TI 官方的学习资料和示例代码,配以 MSP430 数据手册和编程指导手册,从 MSP430 设计和应用的角度讲解了该单片机的知识点和应用模式。本书的最大特色是在对各种功能模块的分析过程中采用了电路设计的思维方式。

本书不是一本大而全的 MSP430 技术学习参考书,而是侧重于对 MSP430 的几个关键技术问题的分析;也不是对技术点的深入剖析和高级应用的参考书,而是侧重于对技术点的学习及疑难解析,以帮助初学者较好地掌握 MSP430 的应用难点。

本书适合有一定单片机应用基础且想尝试使用 MSP430 单片机的读者阅读,最好配以 MSP430 的数据手册和用户使用手册。如果读者能够一边使用 LaunchPad,一边参考 TI 公司的官方参考示例代码,那么本书的价值就更加明显了。

图书在版编目(CIP)数据

MSP430 LaunchPad 项目化学习指南/ 刘成尧编著
. --北京 : 北京航空航天大学出版社,2015.4
ISBN 978 - 7 - 5124 - 1757 - 1

Ⅰ. ①M… Ⅱ. ①刘… Ⅲ. ①单片微型计算机—指南
Ⅳ. ①TP368.1 - 62

中国版本图书馆 CIP 数据核字(2015)第 073271 号

MSP430 LaunchPad 项目化学习指南
刘成尧 编著
责任编辑 张冀青

*

北京航空航天大学出版社出版发行

北京市海淀区学院路 37 号(邮编 100191) http://www.buaapress.com.cn
发行部电话:(010)82317024 传真:(010)82328026
读者信箱:emsbook@gmail.com 邮购电话:(010)82316936
涿州市新华印刷有限公司印装 各地书店经销

*

开本:710×1 000 1/16 印张:12.75 字数:272 千字
2015 年 4 月第 1 版 2015 年 4 月第 1 次印刷 印数:3 000 册
ISBN 978 - 7 - 5124 - 1757 - 1 定价:32.00 元

前　言

终于能赶在 2014 年的国庆假期结束前完成此书的编写，长出了一口气。

本书的编写思路是基于数据手册，专注于讲解 MSP430G2553（或者 MSP430G2xx3）的主要功能特点，并利用 TI 公司提供的 LaunchPad 示例代码进行演示，最后提供几个锦上添花的演示性项目供读者参考。

该书最大的特点是将每个要描述的功能（如 I/O 口、ADC10 等）电路原理图进行了深入的分析，引导读者从电路的角度观察和学习其功能实现，并将寄存器应用按照电路角度来考虑。内容由作者构思（除了表明摘自某处的部分内容外）和编写。

本书可作为读者配套阅读 MSP430G2xx3 系列单片机数据手册的书籍，更可作为以学习 LaunchPad 来掌握 MSP430 的读者的参考书籍。本书第三篇提供的演示项目可供读者参考借用，如有疑惑，可通过 E-mail 联系作者（liulcy@163.com）。

在编写本书过程中，作者参考了大量的 TI 公司官方数据手册、技术文档等，并且查阅、浏览和部分深入研读了 MSP430 的相关书籍。除此之外，结合作者理解，把在指导学生学习 MSP430 过程中遇到的问题进行梳理、分析，从而组织和编写了这本书。每写一篇都会让学生阅读和查找问题，让他们判断是否把技术问题讲清楚了，能否边看边用。该书出版，我想受益最直接的应该是我所带的学生了。

感谢作者所带的创新实验班的学生们，尤其是徐天财、陈臻、李承峰、蒋招梁、葛泽斌等同学。虽然他们仅仅是高职高专的学生，但在全新的培养模式下具备了相当扎实的技术能力，本书的项目（包括 LaunchPad 和综合型项目）都是由他们测试、设计和整理的。他们也提供了大量的反馈意见和建议，甚至给我开出了"写得不好就不买"的价码。

感谢我的家人：父母、妻女。无论是写书，还是教学和科研，我的家人都全力支持着我。三岁的女儿经常对我说："在家里加班吧！"——她能一边陪着我一边玩。在我纠结于是该写"大部头"还是"小部头"书时，家人给出了一个直接的意见：简约而不简单。希望这本不算厚的书能达到他们的要求吧。

最后，感谢同乡编辑王静竞，没有这次约稿，我可能还在写和不写之间纠结，希望本书能对得起这份期待。

编　者
2015 年 1 月

目 录

第三篇　项目开发篇

第一篇　基础知识

本篇主要描述 MSP430 系列单片机特性、LaunchPad 基本功能，以及本书所使用的开发平台 IAR 的基本功能和使用入门。

本篇两章内容适合 MSP430 的初学者阅读，尤其适合希望能够跟着书一步步学习如何应用 MSP430 进行开发的读者。如果读者有过 MSP430 应用的经验，建议跳过本篇，进入第二篇或第三篇阅读。

本篇内容来自于两个方面。MSP430 的介绍知识来源于其数据手册，IAR 介绍知识来源于作者制作的大量操作截图。如果读者能够较轻松地看懂本章内容，建议到 TI 公司官方网站找一份 MSP430 数据手册进行仔细阅读；对 IAR 开发平台有兴趣的读者，可以尝试着借助该软件的帮助文档进行深入学习。

本篇内容安排如下：第 1 章介绍 MSP430 及 LaunchPad；第 2 章介绍 IAR 的使用。

第1章

MSP430 及 LaunchPad 快速浏览

1.1　MSP430 基本功能介绍

德州仪器(TEXAS INSTRUMENTS, TI)公司 1996 年推向市场的 MSP430™ 系列微控制器(MCU)是一种基于精简指令集处理器(Reduced Instruction Set Computing, RISC)的 16 位混合信号处理器。芯片内部集成有模拟/数字转换器(Analog-to-Digital Converter，ADC)和数字/模拟转换器(Digital-to-Analog Converter, DAC)，这就使得它不仅能够接收和输出数字信号，而且也能够接收和输出模拟信号，因此称为混合信号处理器。用一片 MSP430 芯片可以完成多片芯片才能完成的功能，大大缩小了产品的体积，降低了成本。如今，MSP430 单片机已经用于各个领域，尤其是仪器仪表、监测、医疗器械以及汽车电子等领域。

MSP430 系列微控制器的组成框图如图 1-1 所示，其内部功能模块如图 1-2 所示。

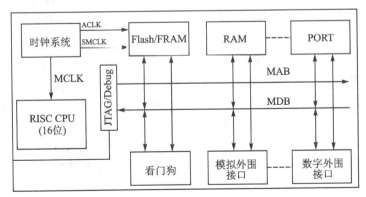

图 1-1　MSP430 系列微控制器的组成框图

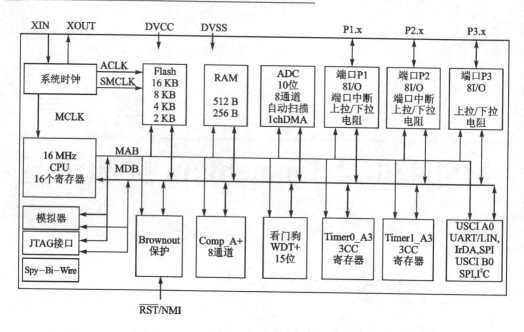

图 1-2　MSP430 系列微控制器的内部功能模块图

　　MSP430 系列微控制器 CPU 模块(图 1-1)中的 RISC CPU (16 位)模块,通过存储器地址总线 MAB(Memory Address Bus)和存储器数据总线 MDB(Memory Data Bus)将程序存储模块、数据存储模块以及各种外部设备模块连接起来,并采用统一的 CPU 指令和寻址模式。如果采用汇编语言编程,开发者需要了解 CPU 内部的寄存器、各种寻址模式以及汇编指令等内容;如果采用 C 语言编程,这些内容不需要过多地给予关注,寄存器的使用和寻址模式的选择将由编译系统处理。本书采用 C 语言实现应用系统的开发。

　　图 1-1 中,Flash/FRAM 模块用作程序存储器,RAM 模块用作数据存储器,PORT 模块表示芯片的输入/输出引脚。MSP430 系列微控制器有多种芯片型号,同一型号芯片还具有多种封装类型,共 400 多款。在所有这些型号的芯片中,芯片内部程序存储器的存储容量从最小的 0.5 KB 到最大的 256 KB;数据存储器的存储容量从最小的 128 B 到最大的 18 KB;输入/输出引脚数量为 14～113 个。不同的芯片内部资源配置用来满足不同的用户在功能和成本等方面的不同应用需求。

　　数字外围模块包括 LCD 驱动器、定时/计数器、并行数字输入/输出端口和串行数字输入/输出端口等。模拟外围模块包括模拟/数字转换器(ADC)、数字/模拟转换器(DAC)、比较器及运算放大器等。注意,并不是每一种 MSP430 微控制器芯片都能提供所有这些外围模块的功能,使用者需要根据应用系统的需求来选择合适的芯片型号。

　　监视定时器,俗称看门狗(Watchdog),用于监视微控制器的工作状态。当程序运行出现异常时,它强制系统复位。

JTAG/Debug 模块用来支持用户程序的下载和调试。JTAG 接口建立了开发使用的计算机与 MSP430 微控制器芯片的联系。MSP430 系列微控制器的所有型号芯片都支持通过 JTAG 接口对程序存储器编程。在 MSP430 系列微控制器的内部包含在片调试逻辑单元,该电路既支持高精度的模拟调试,也支持全速工作调试。也有一些型号的芯片还支持被称为 Spy-Bi-Wire 的二线接口,这种接口同样支持用户程序的下载和调试。

MSP430 系列微控制器的最大特点是低功耗。为降低功耗,专门为芯片设计了灵活的时钟系统、多种低功耗工作模式,即时唤醒以及智能化外部设备模块。

Clock System 时钟模块用来产生 MSP430 系列微控制器工作所需要的各种时钟信号。该模块可以在多个时钟源的支持下工作,既有需要添加外部晶体获得高频率稳定性的时钟源,也有不需要添加任何外部器件的内部时钟源。时钟模块的工作状态和工作频率能够由用户程序控制,这样使得微控制器在等待状态时可以采用低频率的时钟信号,甚至关闭时钟电路来降低系统的能耗;在工作状态时采用高频率的时钟信号,加快信号的处理速度。用户程序能够选择时钟源,并且控制时钟电路的工作状态以及时钟频率,这是 MSP430 系列微控制器的特色之一。

当前,德州仪器(TI)公司生产的 MSP430 系列微控制器包括以下子系列:

- 指令执行速度达 8 MIPS 的 MSP430x1xx 子系列;
- 指令执行速度达 16 MIPS 的 MSP430x2xx 子系列;
- 能够直接驱动 LCD 显示器的 MSP430x4xx 子系列;
- 指令执行速度达 25 MIPS 的 MSP430x5xx 子系列;
- 指令执行速度达 25 MIPS 且能够直接驱动 LCD 显示器的 MSP430x6xx 子系列。

1.1.1 MSP430 的特性描述

下面概述 MSP430 的特点。

1. 处理能力强

MSP430 系列单片机是一个 16 位单片机,采用了精简指令集(RISC)结构,具有丰富的寻址方式(7 种源操作数寻址、4 种目的操作数寻址)、简洁的 27 条内核指令以及大量的模拟指令;丰富的寄存器以及片内数据存储器都可参加多种运算;还有高效的查表处理指令,这些特点保证了可编制出高效率的源程序。

2. 运算速度快

MSP430 系列单片机能在 25 MHz 晶体的驱动下,实现 40 ns 的指令周期。16 位的数据宽度、40 ns 的指令周期以及多功能的硬件乘法器(能实现乘加运算)相配合,能实现数字信号处理的某些算法(如 FFT 等)。

3. 超低功耗

MSP430 单片机之所以有超低的功耗，是因为其在降低芯片的电源电压和灵活而可控的运行时钟方面都有其独到之处。

首先，MSP430 系列单片机的电源电压是 1.8～3.6 V。因而可使其在 1 MHz 的时钟条件下运行时，芯片的电流最低为 165 μA 左右，RAM 保持模式下的最低功耗时电流只有 0.1 μA。

其次，独特的时钟系统设计。在 MSP430 系列中有 3 个不同的时钟系统：基本时钟系统、锁频环(FLL 和 FLL＋)时钟系统和 DCO 数字振荡器时钟系统。可以只使用一个晶体振荡器(32.768 kHz)，也可以使用两个晶体振荡器。由基本系统时钟产生 CPU 和各功能所需的时钟，并且这些时钟可以在指令的控制下打开和关闭，从而实现对总体功耗的控制。

由于系统运行时开启的功能模块不同，即采用不同的工作模式，芯片的功耗有显著的不同。在系统中共有一种活动模式(AM)和五种低功耗模式(LPM0～LPM4)。在实时时钟模式下，电流可达 2.5 μA；在 RAM 保持模式下，电流最低可达 0.1 μA。

4. 片内资源丰富

MSP430 各系列单片机都集成了较丰富的片内外设。它们分别是看门狗(WDT)、模拟比较器 A、定时器 A0(Timer_A0)、定时器 A1(Timer_A1)、定时器 B0(Timer_B0)、UART、SPI、I^{2}C、硬件乘法器、液晶驱动器、10/12 位 ADC、16 位 $\Sigma - \Delta$ ADC、DMA、I/O 端口、基本定时器(Basic Timer)、实时时钟(RTC)和 USB 控制器等若干外围模块的不同组合。其中，看门狗可以在程序失控时使其迅速复位；模拟比较器进行模拟电压的比较(配合定时器，可设计出 ADC)；16 位定时器(Timer_A 和 Timer_B)具有捕获/比较功能，大量的捕获/比较寄存器，可用于事件计数、时序发生、PWM 等；有的器件具有可实现异步、同步及多址访问串行通信接口，可方便地实现多机通信等应用；具有较多的 I/O 端口，P0、P1、P2 端口能够接收外部上升沿或下降沿的中断输入；10/12 位 ADC 有较高的转换速率，最高可达 200 kbps，能够满足大多数数据采集应用；能直接驱动液晶显示器；实现两路的 12 位 D/A 转换；硬件 I^{2}C 串行总线接口实现存储器串行扩展；以及为了提高数据传输速率而采用的 DMA 模块。MSP430 系列单片机的这些片内外设为系统的单片解决方案提供了极大的方便。

另外，MSP430 系列单片机的中断源较多，可以任意嵌套，使用时灵活方便。当系统处于省电的低功耗状态时，中断唤醒只需 5 μs。

5. 方便高效的开发环境

MSP430 系列有 OTP 型、Flash 型和 ROM 型三种类型的器件，这些器件的开发手段都不同。对于 OTP 型和 ROM 型的器件，采用的是仿真器开发成功之后烧写或掩膜芯片;对于 Flash 型,则有十分方便的开发调试环境。因为器件片内有 JTAG 调试接口,还有可电擦写的 Flash 存储器,因此采用先下载程序到 Flash 内,再在器件内通过软件控制程序的运行,由 JTAG 接口读取片内信息供设计者调试使用的方法进行开发。这种方式只需要一台 PC 机和一个 JTAG 调试器,而不需要仿真器和编程器。开发语言有汇编语言和 C 语言,目前以 C 语言开发为主流。

1.1.2　MSP430 的单片机系列介绍

根据 MSP430 单片机的分类方式,下面介绍其较完整的系列特性。

1. MSP430x1xx 系列

基于闪存或 ROM 的超低功耗 MCU,提供 8 MIPS,工作电压为 1.8～3.6 V,具有高达 60 KB 的闪存和各种高性能模拟及智能数字外设。

超低功耗低至:

- 0.1 μA(RAM 保持模式);
- 0.7 μA(实时时钟模式);
- 200 μA/MIPS(工作模式)。

可在 6 μs 之内快速从待机模式唤醒。

器件参数:

- 闪存选项:1～60 KB;
- ROM 选项:1～16 KB;
- RAM 选项:512 B～10 KB;
- GPIO 选项:14、22、48 引脚;
- ADC 选项:10 和 12 位斜率 SAR;
- 其他集成外设:模拟比较器、DMA、硬件乘法器、SVS、12 位 DAC。

2. MSP430F2xx 系列

基于闪存的超低功耗 MCU,在 1.8～3.6 V 的工作电压范围内性能高达 16 MIPS。包含极低功耗振荡器(VLO)、内部上拉/下拉电阻和低引脚数选择。

超低功耗低至:

- 0.1 μA(RAM 保持模式);
- 0.3 μA(待机模式);
- (VLO) 0.7 μA(实时时钟模式);
- 220 μA/MIPS(工作模式)。

可在 1 μs 之内超快速地从待机模式唤醒。

器件参数:

- 闪存选项:1～120 KB;
- RAM 选项:128 B～8 KB;

- GPIO 选项:10、16、24、32、48、64 引脚;
- ADC 选项:10/12 位斜率 SAR、16 位 $\Sigma - \Delta$ ADC;
- 其他集成外设:模拟比较器、硬件乘法器、DMA、SVS、12 位 DAC、运算放大器。

3. MSP430C3xx 系列

ROM 或 OTP 器件系列,工作电压为 2.5~5.5 V,高达 32 KB ROM、4 MIPS 和 FLL。

超低功耗低至:

- 0.1 μA(RAM 保持模式);
- 0.9 μA(实时时钟模式);
- 160 μA/MIPS(工作模式)。

可在 6 μs 之内快速从待机模式唤醒。

器件参数:

- ROM 选项:2~32 KB;
- RAM 选项:512 B~1 KB;
- GPIO 选项:14、40 引脚;
- ADC 选项:14 位斜率 SAR;
- 其他集成外设:LCD 控制器、硬件乘法器。

4. MSP430x4xx 系列

基于 LCD 闪存或 ROM 的器件系列,提供 8~16 MIPS,包含集成 LCD 控制器,工作电压为 1.8~3.6 V,具有 FLL 和 SVS;低功耗测量和医疗应用的理想选择。超低功耗,与 MSP430x1xx 系列完全一致。

器件参数:

- 闪存/ROM 选项:4~120 KB;
- RAM 选项:256 B~8 KB
- GPIO 选项:14、32、48、56、68、72、80 引脚;
- ADC 选项:10/12 位斜率 SAR、16 位 $\Sigma - \Delta$ ADC;
- 其他集成外设:LCD 控制器、模拟比较器、12 位 DAC、DMA、硬件乘法器、运算放大器、USCI 模块。

5. MSP430F5xx 系列

新款基于闪存的产品系列,具有最低工作功耗,在 1.8~3.6 V 的工作电压范围内性能高达 25 MIPS;包含一个用于优化功耗的创新电源管理模块。

超低功耗低至:

- 0.1 μA(RAM 保持模式);

- 2.5 μA(实时时钟模式);
- 165 μA/MIPS(工作模式)。

可在 5 μs 之内快速从待机模式唤醒。

器件参数:

- 闪存选项:高达 256 KB;
- RAM 选项:高达 16 KB;
- ADC 选项:10/12 位 SAR;
- 其他集成外设:USB、模拟比较器、DMA、硬件乘法器、RTC、USCI、12 位 DAC。

本书使用的 LaunchPad 开发板使用了 MSP430G2553 型号的单片机,下面介绍该单片机的性能参数。

6. MSP430G2553

- 低电源电压范围:1.8~3.6 V。
- 超低功耗运行模式:230 μA(在 1 MHz 频率和 2.2 V 电压条件下)。
- 待机模式:0.5 μA。
- 关闭模式(RAM 保持):0.1 μA。
- 5 种节能模式。
- 用于模拟信号比较功能或者斜率 A/D 转换的片载比较器。
- 可在不到 1 μs 的时间里超快速地从待机模式唤醒。
- 16 位精简指令集(RISC)架构,62.5 ns 指令周期时间。
- 带内部基准、采样与保持以及自动扫描功能的 10 位 200 ksps ADC。
- 基本时钟模块配置。
- 具有 4 种校准频率并高达 16 MHz 的内部频率,串行板上编程。
- 内部超低功耗低频(LF)振荡器无需外部编程电压。
- 32 kHz 晶振。
- 外部数字时钟源,具有两线制(Spy-Bi-Wire)接口的片上仿真逻辑电路。
- 两个 16 位 Timer_A,分别具有三个捕获/比较寄存器。
- 多达 24 个支持触摸感测的 I/O 引脚。

1.2　LaunchPad 开发板介绍

MSP-EXP430G2 的 LaunchPad 开发板是一款适用于 TI 公司最新 MSP430G2xx 系列产品的完整开发解决方案。其基于 USB 的集成型仿真器可提供为全系列 MSP430G2xx 器件开发应用所必需的所有软硬件。LaunchPad 具有集成的 DIP 目标插座,可支持多达 20 个引脚,从而使 MSP430 Value Line 器件能够简便

插入 LaunchPad 电路板中。此外,它还可提供板上 Flash 仿真工具,可以直接连接
PC 轻松进行编程、调试和评估。LaunchPad 电路板还能对 eZ430-RF2500T 目标板、
eZ430-Chronos 手表模块或者 eZ430-F2012T/F2013T 目标板进行编程。此外,该电
路板还提供了从 MSP430G2xx 器件到主机 PC 或者相连目标板的波特率为 9 600
UART 串行连接。MSP-EXP430G2 采用 IAR Embedded Workbench 集成开发环境
(IDE)或者 CodeComposer Studio(CCS)编写、下载和调试应用。调试器是非侵入
式,使得用户能够借助可用的硬件断电和单步操作全速运行应用,而不用损耗任何其
他资源。图 1-3 和图 1-4 是 LaunchPad 的示意图。

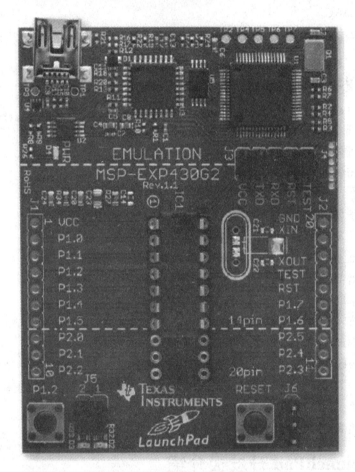

图 1-3 LaunchPad 的示意图 1

MSP-EXP430G2 LaunchPad 特性总结:

- USB 调试与编程接口无需驱动即可安装使用,且具备波特率高达 9 600 的
  UART 串行通信速度;
- 支持所有采用 PDIP14 或者 PDIP20 封装的 MSP430G2xx 和 MSP430F20xx
  器件;

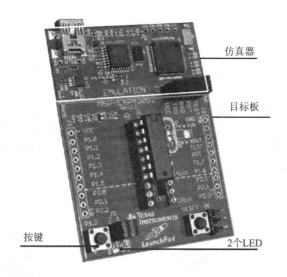

图 1 - 4　LaunchPad 示意图 2

- 分别连接至绿光和红光 LED 的两个通用数字 I/O 引脚,可提供视觉反馈;
- 两个按钮可实现用户反馈和芯片复位;
- 器件引脚可通过插座引出,既可以方便地用于调试,也可用来添加定制的扩展板;
- 高质量的 20 引脚 DIP 插座,可轻松简便地插入目标器件或将其移除。

该 LaunchPad 开发板属于 EXP430G2 试验板套件,该套件包括下列硬件:

① LaunchPad 目标板(MSP-EXP430G2)。

② 0.5 m 的 mini USB-B 线缆。

③ 两颗 MSP430 Flash 器件(目前能够看到的配置,2013 年)。

- MSP430G2553:具备 8 通道 10 位 ADC、2 KB Flash 和 128 字节 RAM 的低功耗 16 位 MSP430(内部预装了示例程序);
- MSP430G2452:具备比较器、2 KB Flash 和 128 字节 SRAM 的低功耗 16 位 MSP430 微处理器。

④ 10 引脚 PCB 连接器。

⑤ Microcystal 公司的 32.768 kHz 晶振。

⑥ 快速启动指南。

⑦ 两个 LaunchPad 贴签。

1.3　让 LaunchPad"跑"起来的最快方法

首次使用 MSP-EXP430G2 LaunchPad 试验板时,按图 1-5 所示连接,使用附带的 mini USB 线缆将 MSP-EXP430G2 LaunchPad 连接至空闲的 USB 端口。该板从

USB 主机获得供电时立即自动启动。演示应用启动后,LED 将交替变亮以指明器件启动。

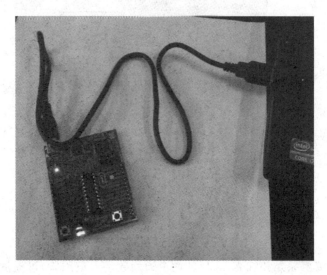

图 1 - 5 LaunchPad 实物连接图

效果已经出来了,下面就简单地看看对应的代码是什么样的。读者可从 http://processors. wiki. ti. com/index. php/MSP430_LaunchPad_(MSP-EXP430G2)网站找到 LaunchPad 的示例代码集,如图 1 - 6 所示。

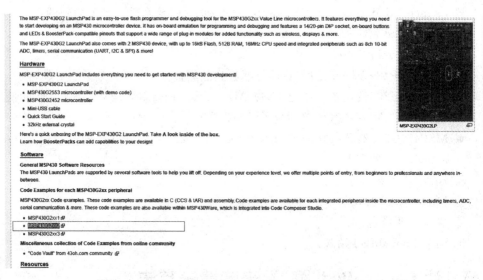

图 1 - 6 TI 公司网站提供的示例代码

将下载的代码保存到合适的目录,打开文件夹,代码介绍文档(Readme)内容如下:

文件名	说　明
MSP430g2x13_ca_01.c	Comp_A,在 P1.1 引脚输出参考电压。
MSP430g2x13_ca_02.c	Comp_A,检测阈值,如果 P1.1>0.25Vcc,则置位 P1.0。
MSP430g2x13_ca_03.c	Comp_A,一个简单的 2.2 V 电池电压检测示例。
MSP430g2x33_adc10_01.c	ADC10 使用示例,采样 A0 通道的电压,如果 A0>0.5AVcc,则置位 P1.0。
MSP430g2x33_adc10_02.c	ADC10 使用示例,采样 A1 通道的电压,1.5 V 参考电压,如果 A1>0.2 V,则置位 P1.0。
MSP430g2x33_adc10_03.c	ADC10 使用示例,采样 A10 通道的温度,如果温度超过 20 ℃,则置位 P1.0。
MSP430g2x33_adc10_04.c	ADC10 使用示例,采样 A1 通道的电压,若 A1>0.5AVcc,则置位 P1.0。
MSP430g2x33_adc10_05.c	ADC10 使用示例,采样 A11 通道的电压,低电压检测,如果 AVcc < 2.3 V,则置位 P1.0。
MSP430g2x33_adc10_06.c	ADC10 使用示例,P1.4 口送出内部参考电压,P1.3 口送出 ADC 时钟。
MSP430g2x33_adc10_07.c	ADC10 使用示例,DTC 采样模式演示,A1 通道,32 次采样,AVcc 电压,重复单次采样,DCO。
MSP430g2x33_adc10_08.c	ADC10 使用示例,DTC 采样,A1 通道,32 次采样,1.5 V 电压,重复单次采样,DCO。
MSP430g2x33_adc10_09.c	ADC10 使用示例,DTC 采样,A10 32 次采样,1.5 V 电压,重复单次采样,DCO。
MSP430g2x33_adc10_10.c	ADC10 使用示例,DTC 采样,A3～A1 通道,AVcc,单次序列采样,DCO。
MSP430g2x33_adc10_11.c	ADC10 使用示例,采样 A1,1.5 V 电压,TA1 触发。
MSP430g2x33_adc10_12.c	ADC10 使用示例,采样 A7,1.5 V 电压,TA1 触发。
MSP430g2x33_adc10_13.c	ADC10 使用示例,DTC 采样 A1,32 次采样,AVcc 电压,TA0 触发,DCO。
MSP430g2x33_adc10_14.c	ADC10使用示例,DTC 采样 A1、A0,16 次采样,AVcc 电压,重复序列,DCO。
MSP430g2x33_adc10_16.c	ADC10使用示例,DTC 采样,A0→TA1,AVcc 电压,DCO。
MSP430g2x33_adc10_temp.c	ADC10使用示例,采样 A10 通道的温度,转换成华氏和摄氏度。
MSP430g2xx3_1.c	软件翻转 P1.0。
MSP430g2xx3_1_vlo.c	软件翻转 P1.0,MCLK = VLO/8。

MSP430g2xx3_clks.c	基本系统时钟,输出缓冲,使用 SMCLK、ACLK 和 MCLK/10。
MSP430g2xx3_dco_calib.c	基本系统时钟,采用预载 DCO 校准量。
MSP430g2xx3_dco_flashcal.c	DCO 校准程序。
MSP430g2xx3_flashwrite_01.c	Flash 系统编程,将 C 段复制到 D 段。
MSP430g2xx3_LFxtal_nmi.c	LFXT1 晶振失效检测。
MSP430g2xx3_lpm3.c	基本系统时钟,LPM3 低功耗模式,使用看门狗中断,32 kHz ACLK。
MSP430g2xx3_lpm3_vlo.c	基本系统时钟,LPM3 低功耗模式,使用看门狗中断,VLO ACLK。
MSP430g2xx3_nmi.c	基本系统时钟,配置 RST/NMI 作为中断触发。
MSP430g2xx3_P1_01.c	软件轮询 P1.4,如果 P1.4 = 1,则置位 P1.0。
MSP430g2xx3_P1_02.c	LPM4 模式的 P1.4 口软件端口中断服务。
MSP430g2xx3_P1_03.c	通过软件内部上拉轮询 P1 口。
MSP430g2xx3_P1_04.c	P1 内部上拉,中断模式退出 LPM4。
MSP430g2xx3_pinosc_01.c	电容触摸,引脚晶振,1 个按键。
MSP430g2xx3_pinosc_02.c	电容触摸,引脚晶振,4 个按键。
MSP430g2xx3_pinosc_03.c	电容触摸,引脚晶振,4 个按键,ACLK for CCR。
MSP430g2xx3_pinosc_04.c	电容触摸,引脚晶振,8 个按键,UART。
MSP430g2xx3_ta_01.c	Timer_A, 翻转 P1.0, CCR0 Continuous 模式,DCO SMCLK。
MSP430g2xx3_ta_02.c	Timer_A, 翻转 P1.0, CCR0 Up 模式, DCO SMCLK。
MSP430g2xx3_ta_03.c	Timer_A, 翻转 P1.0, 溢出中断, DCO SMCLK。
MSP430g2xx3_ta_04.c	Timer_A, 翻转 P1.0, 溢出中断, 32 kHz ACLK。
MSP430g2xx3_ta_05.c	Timer_A, 翻转 P1.0, CCR0 Up 模式, 32 kHz ACLK。
MSP430g2xx3_ta_06.c	Timer_A, 翻转 P1.0, CCR1Continuous 模式, DCO SMCLK。
MSP430g2xx3_ta_07.c	Timer_A, 翻转 P1.0~P1.2, Continuous 模式,DCO SMCLK。
MSP430g2xx3_ta_08.c	Timer_A, 翻转 P1.0~P1.2, Continuous 模式,32 kHz ACLK。
MSP430g2xx3_ta_10.c	Timer_A, 翻转 P1.1/TA0, Up 模式, DCO SMCLK。
MSP430g2xx3_ta_11.c	Timer_A, 翻转 P1.1/TA0, Up 模式, 32 kHz ACLK。
MSP430g2xx3_ta_13.c	Timer_A, 翻转 P1.1/TA0, Up/Down 模式,DCO SMCLK。
MSP430g2xx3_ta_14.c	Timer_A, 翻转 P1.1/TA0, Up/Down 模式, 32 kHz ACLK。
MSP430g2xx3_ta_16.c	Timer_A, TA1、TA2 PWM 输出, Up 模式, DCO SMCLK。
MSP430g2xx3_ta_17.c	Timer_A, TA1 PWM 输出, Up 模式, 32 kHz ACLK。

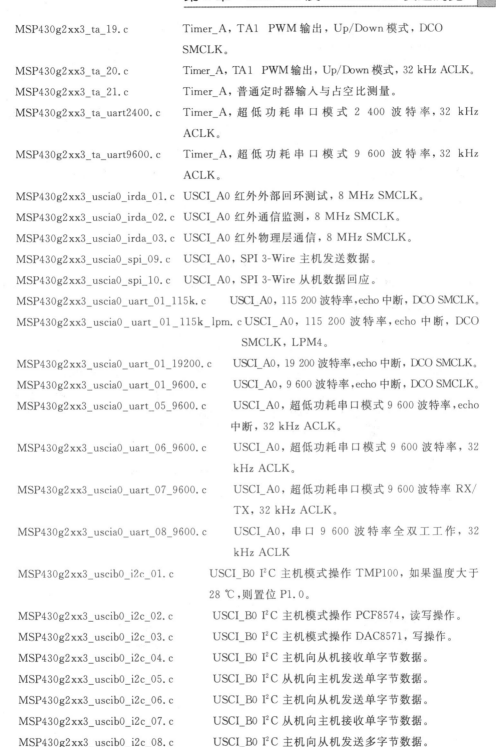

MSP430g2xx3_ta_19.c	Timer_A, TA1 PWM 输出, Up/Down 模式, DCO SMCLK。
MSP430g2xx3_ta_20.c	Timer_A, TA1 PWM 输出, Up/Down 模式, 32 kHz ACLK。
MSP430g2xx3_ta_21.c	Timer_A, 普通定时器输入与占空比测量。
MSP430g2xx3_ta_uart2400.c	Timer_A, 超低功耗串口模式 2 400 波特率, 32 kHz ACLK。
MSP430g2xx3_ta_uart9600.c	Timer_A, 超低功耗串口模式 9 600 波特率, 32 kHz ACLK。
MSP430g2xx3_uscia0_irda_01.c	USCI_A0 红外外部回环测试, 8 MHz SMCLK。
MSP430g2xx3_uscia0_irda_02.c	USCI_A0 红外通信监测, 8 MHz SMCLK。
MSP430g2xx3_uscia0_irda_03.c	USCI_A0 红外物理层通信, 8 MHz SMCLK。
MSP430g2xx3_uscia0_spi_09.c	USCI_A0, SPI 3-Wire 主机发送数据。
MSP430g2xx3_uscia0_spi_10.c	USCI_A0, SPI 3-Wire 从机数据回应。
MSP430g2xx3_uscia0_uart_01_115k.c	USCI_A0, 115 200 波特率, echo 中断, DCO SMCLK。
MSP430g2xx3_uscia0_uart_01_115k_lpm.c	USCI_A0, 115 200 波特率, echo 中断, DCO SMCLK, LPM4。
MSP430g2xx3_uscia0_uart_01_19200.c	USCI_A0, 19 200 波特率, echo 中断, DCO SMCLK。
MSP430g2xx3_uscia0_uart_01_9600.c	USCI_A0, 9 600 波特率, echo 中断, DCO SMCLK。
MSP430g2xx3_uscia0_uart_05_9600.c	USCI_A0, 超低功耗串口模式 9 600 波特率, echo 中断, 32 kHz ACLK。
MSP430g2xx3_uscia0_uart_06_9600.c	USCI_A0, 超低功耗串口模式 9 600 波特率, 32 kHz ACLK。
MSP430g2xx3_uscia0_uart_07_9600.c	USCI_A0, 超低功耗串口模式 9 600 波特率 RX/TX, 32 kHz ACLK。
MSP430g2xx3_uscia0_uart_08_9600.c	USCI_A0, 串口 9 600 波特率全双工工作, 32 kHz ACLK
MSP430g2xx3_uscib0_i2c_01.c	USCI_B0 I^2C 主机模式操作 TMP100, 如果温度大于 28 ℃,则置位 P1.0。
MSP430g2xx3_uscib0_i2c_02.c	USCI_B0 I^2C 主机模式操作 PCF8574, 读写操作。
MSP430g2xx3_uscib0_i2c_03.c	USCI_B0 I^2C 主机模式操作 DAC8571, 写操作。
MSP430g2xx3_uscib0_i2c_04.c	USCI_B0 I^2C 主机向从机接收单字节数据。
MSP430g2xx3_uscib0_i2c_05.c	USCI_B0 I^2C 从机向主机发送单字节数据。
MSP430g2xx3_uscib0_i2c_06.c	USCI_B0 I^2C 主机向从机发送单字节数据。
MSP430g2xx3_uscib0_i2c_07.c	USCI_B0 I^2C 从机向主机接收单字节数据。
MSP430g2xx3_uscib0_i2c_08.c	USCI_B0 I^2C 主机向从机发送多字节数据。
MSP430g2xx3_uscib0_i2c_09.c	USCI_B0 I^2C 从机向主机接收多字节数据。

MSP430g2xx3_uscib0_i2c_10.c	USCI_B0 I²C 主机向从机发送多字节数据。
MSP430g2xx3_uscib0_i2c_11.c	USCI_B0 I²C 从机向主机接收多字节数据。
MSP430g2xx3_uscib0_i2c_12.c	USCI_B0 I²C 主机按照重复启动操作向从机发送接收多字节数据。
MSP430g2xx3_uscib0_i2c_13.c	USCI_B0 I²C 从机向主机发送和接收多字节数据。
MSP430g2xx3_wdt_01.c	看门狗，翻转 P1.0，内部溢出中断，DCO SMCLK。
MSP430g2xx3_wdt_02.c	看门狗，翻转 P1.0，内部溢出中断，32 kHz ACLK。
MSP430g2xx3_wdt_04.c	看门狗失效安全时钟，DCO SMCLK。
MSP430g2xx3_wdt_05.c	无效地址复位，翻转 P1.0。
MSP430g2xx3_wdt_06.c	看门狗失效安全时钟，32 kHz ACLK。
MSP430g2xx3_wdt_07.c	看门狗周期复位。

读者应仔细阅读上述文件的说明，大概了解每个示例文件的应用效果。上述示例代码在本书其他章节也进行了讲解，有兴趣的读者可通过代码编辑软件 Source Insight 进行代码管理，能够较好地对代码进行分析。

注意：下载源代码中，文件 msp430g2xx3_1.c 与示例演示效果接近。按照第 2 章描述的 IAR 使用方法，建立项目，将该文件放在项目中，如图 1-7 所示。

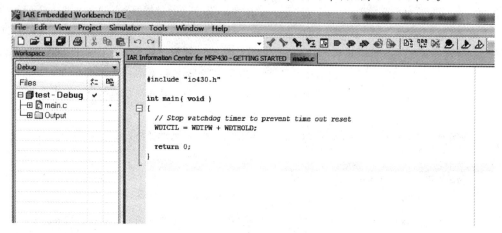

图 1-7 通过 IAR 建立项目

按照项目开发流程：编写、编译、下载、执行，即可演示效果。

按照上面的操作，再仔细观察如下代码，读者就会发现，与下载的代码有一些细微的差别。

示例：

```
#include <msp430.h>
int main(void)
{
    WDTCTL = WDTPW + WDTHOLD;      // 关闭看门狗
```

```
P1DIR |= 0x41;                    // P1.0 设置为输出模式
for (;;)
{
    volatile unsigned int i;
    P1OUT ^= 0x41;                // 翻转 P1.0
    i = 50000;                    // 延时
    do (i--);
    while (i != 0);
}
}
```

问题:P1DIR |= 0x41 和 P1DIR ^=0x41 与源代码有区别,为什么呢?

在嵌入式开发领域,一般说硬件决定软件,意思是进行软件开发之前要详细了解目标硬件的资源情况,只有充分了解,才能编写出合格的和合适的程序代码。了解硬件资源的常规方式是阅读硬件原理图等。

LaunchPad 的硬件原理图有两部分,即仿真器部分和目标板部分,重点观察目标板的原理图。如图 1-8 所示,LaunchPad 的两个 LED 由 MSP430 的 P1.0 和 P1.6 控制,源代码为 P1DIR |= 0x01 和 P1DIR ^=0x01。

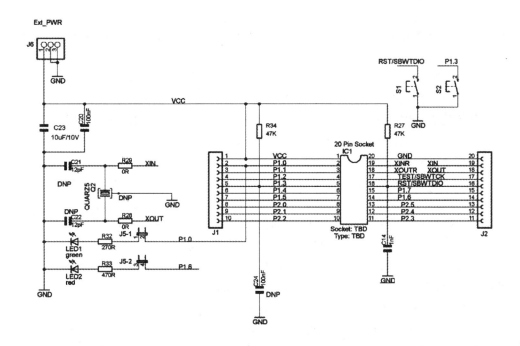

图 1-8　LaunchPad 原理图

按照原理图与代码,可以简单调整代码,使两个 LED 都点亮。可能此时读者还不了解 MSP430 的内部资源,也不清楚对应的代码编写风格,没有关系,因为学习的方式之一就是通过大量观察已有的演示效果和演示代码来增加对陌生技术的了解与掌握的。按照前面示例方式及提供的示例代码,选择一些有兴趣的示例"跑"起来,体验操作。观察代码的一些显著特色,慢慢习惯 MSP430 的编写风格和资源特点(特别是已有 51 单片机开发经验的读者)。

本章小结

(1) MSP430™ 中的 TM 表示 MSP430 是 TI 公司的一个注册商标,TM 是 Trade Mark 的简称。

(2) 精简指令集处理器 RISC(Reduced Instruction Set Computing),其含义可参考百度百科,对应还有 CISC,即复杂指令集。这两个概念在计算机原理相关课程中会详细讲解。通俗地说,X86 或者英特尔的 CPU 使用了 CISC,其他绝大多数 CPU 使用 RISC。以前学习单片机主要使用汇编语言,所以要对指令系统有一定的了解。现在单片机应用大多采用了 C 语言编程,在中低端开发领域,基本上不需要了解指令集概念了。

(3) 地址总线和数据总线,其含义来源于计算机 CPU 的总线结构,当前计算机系统主要包括冯·诺依曼结构和哈佛结构两大类型。简单地说,冯·诺依曼结构是数据和地址总线共用,哈佛结构是数据与指令分开存放,当前单片机大多数采用哈佛结构。具体内容可查阅计算机原理课程的内容。

(4) 汇编语言与 C 语言编程。当前大多数从事单片机开发的软件设计人员都采用了 C 语言开发,其原因是 C 语言编程思维方式较符合人的思维方式,而汇编语言属于低级语言,难以较快地掌握和进行开发活动。但是,建议读者能够适当了解一些汇编语言,可通过对 MASM 汇编语言的学习掌握基本开发思路,为今后深入应用单片机性能奠定基础。

(5) MSP430 的主要特点分析。当前市面上有很多类型的单片机,如传统的 51 系列(由宏晶 STC 公司发扬光大,已经开发到 10、11、12、15 等系列)、PIC、AVR、STM 等,也包括 TI 公司的 MSP430 系列。作为学习者,可能对这些类型的单片机没有进行非常深入的特性比较,也没有选择合适单片机类型的经验,在此,作者根据自身的产品开发经验,稍微说明一下。简单地说,这些不同类型单片机的主体功能是相通的,没有根本性区别,所以选择哪一款进行产品开发都是可以的。在性能比较之后,成本及开发经验在选型过程中将起决定作用。深入分析不同类型单片机的优势是很多单片机爱好者最喜欢钻研的事情。从这个角度看,51 系列的优势最明显,使用比较普遍;PIC 单片机抗干扰能力强(相对而言);AVR 运算速度快(相对而言);STM(意法半导体的 Cortex 系列)具备完善的开发库;而 MSP430 的优势就是功耗相对较低,适用于仪器仪表。上述各类型单片机,优势都是相对的,并不具备完全压倒性的特性。

(6) 本章中提到"硬件决定软件",作者体会非常深刻,尤其是在嵌入式开发活动

中。主要包括以下方面:

① 单片机的程序开发员要懂电路设计,起码要能看懂单片机原理图、寄存器结构图及产品中基于单片机外围的电路原理图;

② 程序开发过程中,不可避免地要与硬件工程师进行联合调试,要能听懂他们说的术语和问题;

③ 产品开发过程中,一旦硬件电路定型,剩下的问题就都交给软件开发了,包括正常功能开发和弥补硬件设计的缺陷等。

(7) 单片机学习的关键,作者总结出学习单片机的方法包括两步:先有扎实的 C 语言功底,然后有很好的数字电子技术基础。在此基础上,学习单片机的实质就变成了分析单片机内部功能原理图(流程图),并通过程序来操作对应的寄存器。

第 2 章

IAR 开发平台介绍

本章讲述 IAR 集成编辑、编译环境，由于作者经常使用 Keil 环境，也常常采用 Source Insight 作为代码编辑器，所以会对这些代码编辑、编译环境进行对比。根据作者的开发习惯，偏向于使用简单直接、兼容性好的开发环境，不是非常欣赏 TI 公司的 CCS 这种较庞大的开发环境。

对比 Keil 与 IAR，除了有一些关键的区别，两者的使用习惯相近，适合经常从事 51、STM32、MSP430 开发人员使用。在此基础上，使用 Source Insight 取代 Keil 和 IAR 进行代码编辑（不是编译），可以大大提高项目开发效率，尤其是进行二次开发时，可以较好地帮助开发者管理项目代码。

下面先讲解 IAR 开发平台，然后讲解如何通过 Source Insight 对第 1 章所列出的代码文件进行管理。

IAR Systems 是全球领先的嵌入式系统开发工具和服务的供应商。公司成立于 1983 年，迄今已有 32 年，提供的产品和服务涉及嵌入式系统设计、开发和测试的每个阶段，包括：带有 C/C++编译器和调试器的集成开发环境、实时操作系统和中间件、开发套件、硬件仿真器以及状态机建模工具。

嵌入式 IAR Embedded Workbench 适用于种类繁多的各类 8 位、16 位及 32 位的微处理器和微控制器，使用户在开发新的项目时能在自己熟悉的开发环境中进行。它为用户提供了一个易学和具有最大量代码继承能力的开发环境，以及对大多数和特殊目标的支持。嵌入式 IAR Embedded Workbench 有效提高了用户的工作效率，使用 IAR 工具，用户可以大大节省工作时间，这个理念被称为"不同架构，同一解决方案"。

较为普及的 MSP430 开发软件包括 CCS、IAR 等，其中 CCS 是 TI 公司出品的代码开发和调试套件。在国内，广泛用于 MSP430 的开发软件主要是以 IAR 公司的 Embedded Workbench for MSP430（简称 EW430）为主。

IAR EW430 软件具有工程管理、程序编辑、代码下载、调试等功能，本书以 IAR EW430 V6. 10 版本（以下简称 IAR）为例讲解它作为开发工具是如何应用于 MSP430 开发的。

2.1　软件的设置与调试

IAR 软件的获取及安装方法等可在网络上搜索到,本书不再详细描述。在正确安装了 IAR 软件后,打开该软件,界面如图 2-1 所示。

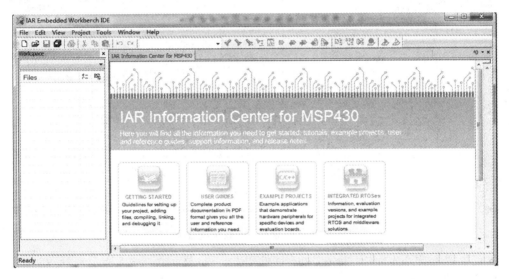

图 2-1　IAR 软件界面

选择菜单栏 Help 中的命令可以查看该软件的版本信息。如图 2-2 所示,表明 IAR 已经安装了支持 MSP430 开发的套件,可以用于进行 LaunchPad 开发。

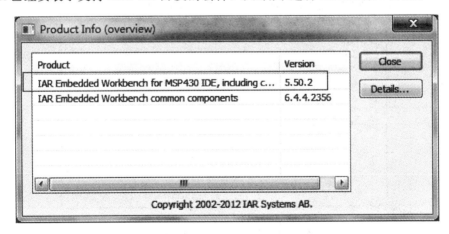

图 2-2　IAR 的版本信息

假设读者是一位 IAR 软件使用新手,从这个角度下面介绍该软件如何用于 MSP430 及 LaunchPad 开发。现在以建立一个新的 MSP430 开发项目为例,讲解开发工具的基本使用思路。

步骤 1：新建项目（project），如图 2 - 3 所示。

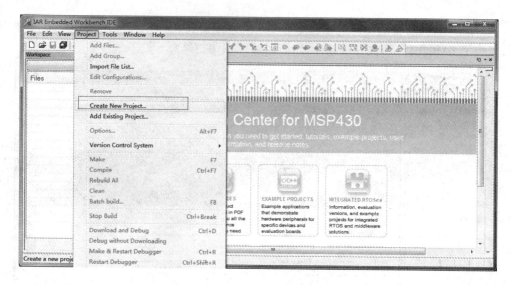

图 2 - 3　选择建立新项目命令

步骤 2：单击 Create New Project（见图 2 - 3），显示图 2 - 4 所示对话框，按照图 2 - 4 所示选择方框中的内容即可。

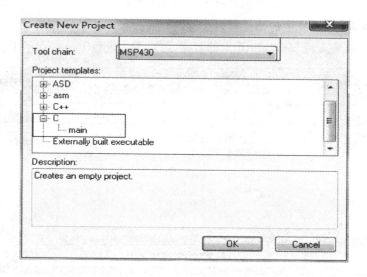

图 2 - 4　Create New Project 对话框

步骤 3：单击 OK 按钮（见图 2 - 4），显示图 2 - 5 所示界面，即创建项目名称并保存目录。

图 2-5　创建项目名称并保存目录

步骤 4：单击"保存"按钮（见图 2-5），显示图 2-6 所示窗口，窗口的左边是项目框。此时项目已经创建完成，接下来是给项目里面添加文件（代码）。

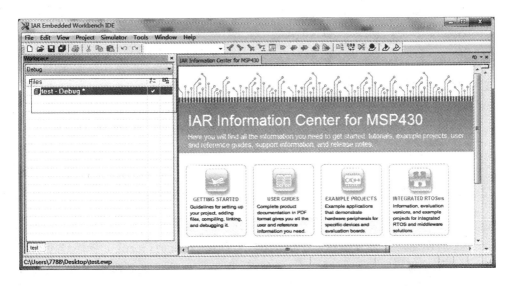

图 2-6　带有项目的 IDE 界面

步骤 5：单击图 2-7 所示创建新文件图标，显示图 2-8 所示对话框，可以自定义文件名。注意，这里是 c 代码文件。

图 2 - 7　创建新文件

图 2 - 8　创建新文件(文件名和保存目录)

　　步骤 6:创建新文件并保存,比如文件名为 main. c,此时,main. c 里面还没有写代码,但并不妨碍后续步骤。如图 2 - 9 所示,在新建的项目里面添加文件,比如将 main. c 添加到该项目中。添加后的结果如图 2 - 10 所示。

　　步骤 7:单击项目中的 main. c 文件(这时,该文件已经属于名为 test 的项目了),如图 2 - 11 所示,作者在 main. c 中添加了一些代码,虽然是没有实际价值的代码,但

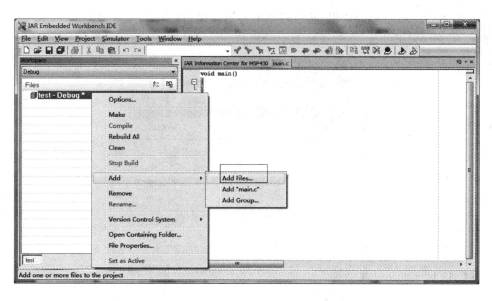

图 2-9　在新建的项目中添加文件

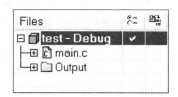

图 2-10　添加文件后的项目

确保 main. c 是一个可用的 c 文件了。

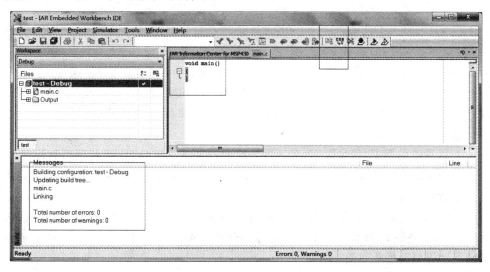

图 2-11　在 main. c 中添加代码

步骤 8：保存编写的代码，然后开始准备对该项目进行编译操作。按照图 2 - 12 所示，右击 test-Debug，在快捷菜单中选择 Options（见图 2 - 13）。

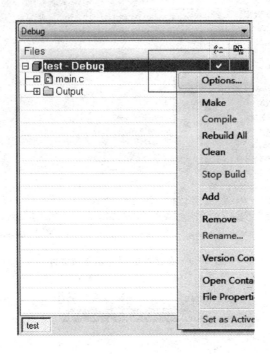

图 2 - 12 选择 Options

步骤 9：如图 2 - 13 所示，对话框左边列出了项目配置栏，初学者最关注的是 General Options 和 Debugger 等项。打开 General Options→Target，选择 MSP430 的芯片类型。本书讲述的 LaunchPad 使用 MSP430G2553 型号，按照图 2 - 13 选择。

步骤 10：打开 Debugger→Setup，选择仿真器类型，如图 2 - 14 所示。当前，仅选择 Simulator 即可，后面对 LaunchPad 项目讲解时，会提示选择 FET Debugger 项。

步骤 11：编译，观察结果。如图 2 - 15 所示，重点看方框部分，显示编译通过。

步骤 1～步骤 11 讲述了如何使用 IAR EW430 建立项目并进行适当配置，然后编译。下面的步骤是讲解更为实用的操作，包括如何进行 Debug 调试，如何让 LaunchPad"跑"起来。

下面通过步骤 12 和步骤 13 来观察如何通过 IAR EW430 进行代码仿真调试。

步骤 12：修改 main.c 的代码并保存，如图 2 - 16 所示。尽管是一些没有用的代码，但也能演示调试的过程。

步骤 13：编译，设置断点，然后下载，显示如图 2 - 17 所示界面，注意观察方框所示部分，左上方框内为断点调试控制图标，有全速、单步跟踪等。图 2 - 18 显示了调试的一些设置及操作界面。

通过上述图的演示，有些其他开发软件经验（如 Keil、VS 等）的读者应能够很快熟悉 IAR 的调试操作。

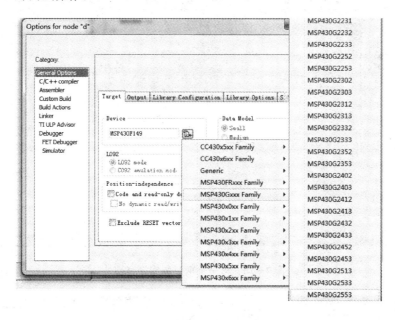

图 2-13 选择芯片类型

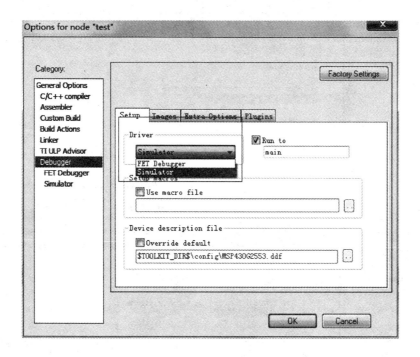

图 2-14 仿真器配置

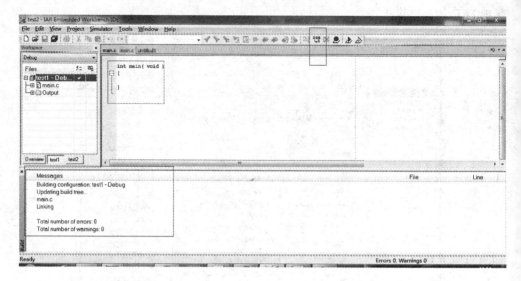

图 2 - 15　第一个项目的编译界面

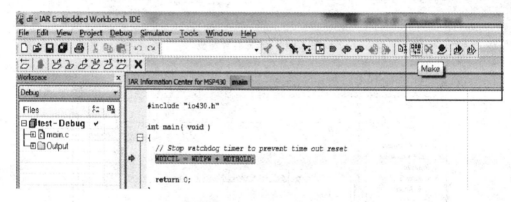

图 2 - 16　main. c 的测试代码

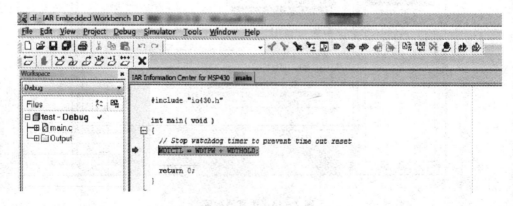

图 2 - 17　调试界面

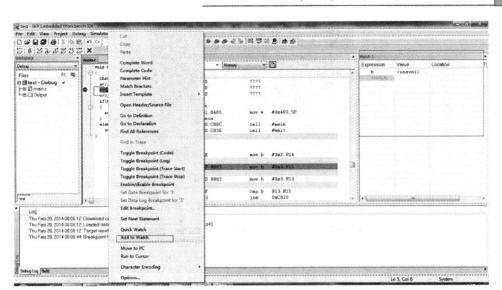

图 2 - 18 调试设置界面

下面以一个实际的代码说明使用 LaunchPad 的自带仿真器进行软件仿真调试工作。

步骤 14：打开一个已有的 LaunchPad 示例程序（可以到 TI 公司官网下载），配置项目的仿真器，如图 2 - 19 所示，选择 FET Debugger。

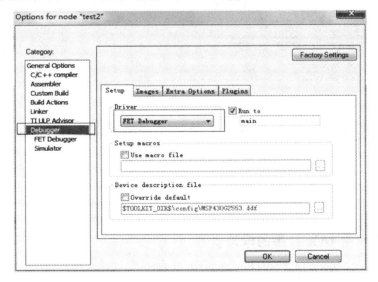

图 2 - 19 项目的仿真器配置

步骤 15：将 LaunchPad 与计算机连接（连接过程中计算机会自主安装 USB 驱动，具体的安装可以上网查阅），如图 2 - 20 所示。编译项目、下载项目，在这个过程，如果 LaunchPad 连接正常，将会看到代码下载的界面，之后如图 2 - 21 所示，可以进行代码的在线调试。

图 2-20 连接 LaunchPad 到计算机

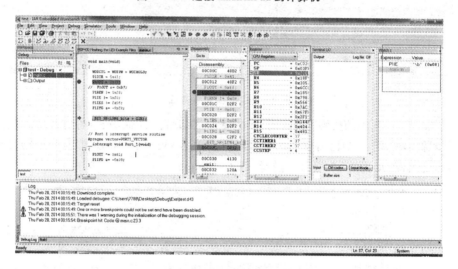

图 2-21 调试界面

以上详细讲解了如何使用 IAR EW430 进行项目开发,能够基本满足初学者的学习要求。

2.2 进一步学习部分

1. 充分利用 IAR 自带的学习资源

如图 2-22 所示,IAR 的 Help 菜单中,选择 Information Center 项,里面提供了较多的学习资源。图 2-23 显示了学习资源的相关入口,单击 GETTING START-ED,进入如图 2-24 所示界面,单击图 2-24 方框所示图标,即进入了对应的 PDF 文档(见图 2-25),重点关注方框所示的学习内容。

图 2-26 显示了 USER GUIDES 学习入口,图 2-27 是 USER GUIDES 学习内容,可重点关注如何建立项目和如何进行 Debug。

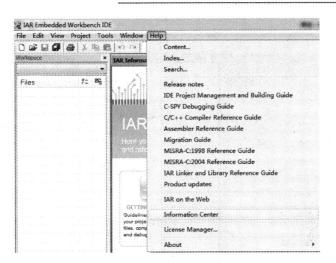

图 2 – 22　IAR 的帮助资源

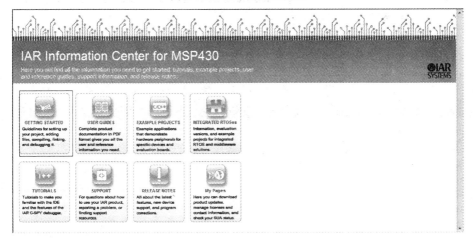

图 2 – 23　单击 GETTING STARTED 图标

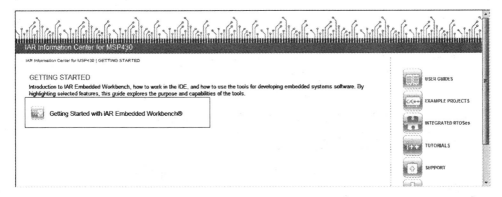

图 2 – 24　进入 GETTING STARTED 学习

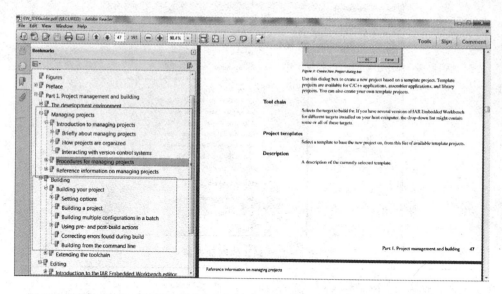

图 2 - 25　GETTING STARTED 学习内容

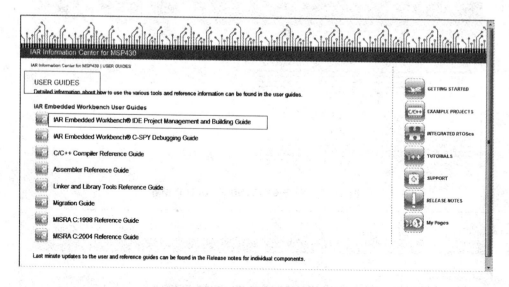

图 2 - 26　USER GUIDES 学习入口

图 2 - 28 是 TUTORIAL 学习入口,读者可以根据步骤一步步学习。

2. 进一步学习 IAR 的相关链接

以下网站(论坛)提供了关于 MSP430 和 LaunchPad 的学习资源,读者根据需要学习使用。

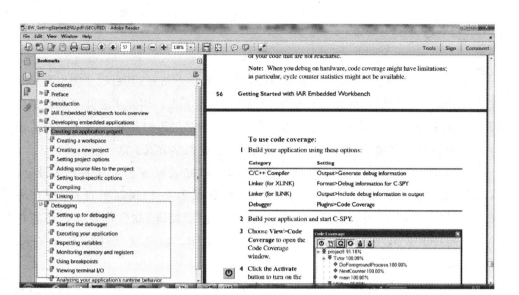

图 2 - 27　USER GUIDES 学习内容

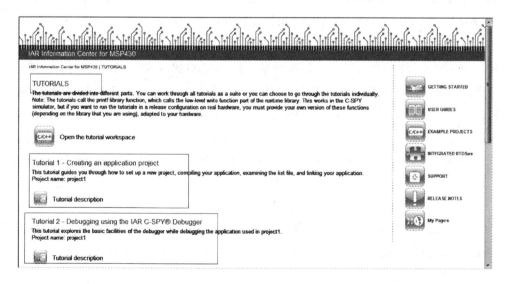

图 2 - 28　TUTORIAL 学习入口

http://www.iar.com/Service-Center/Resources/

http://processors.wiki.ti.com/

http://www.9mcu.com/9mcubbs/forum.php? mod=forumdisplay&fid=93

http://www.amobbs.com/forum-3064-1.html

http://bbs.elecfans.com/jishu_265110_1_1.html

http://www.9mcu.com/9mcubbs/forum.php? mod=forumdisplay&fid=168

本章小结

（1）本章给出了一个较为详细的"看图识字"式学习指导，其目的是想引导初学者顺利完成第一个项目，避免遇到各种"坎坷"而走不下去。作者本意并不喜欢这样的"看图识字"式指导，觉得很浪费纸张。但作者在教学过程中发现，学生非常喜欢图示，不喜欢大段文字描述，因此，在这里也使用了这种教学方式。

（2）IAR 和 CCS(TI 公司的开发平台)都可以完成对 MSP430 的开发设计。目前看，市面上大多数开发者愿意使用 IAR，其原因是 IAR 简单灵活，操作方便；相比较而言，CCS 功能强大，操作复杂，编译速度较慢，软件体量大。作者自身也是偏好于 IAR 平台，所以本书仅仅讲解了 IAR。如果读者对 CCS 有兴趣，可参见参考文献[9]。

（3）本章原打算讲解 IAR 与 Proteus 联调，从而实现用 Proteus 来模拟仿真 MSP430，但考虑到很多技术人员对软件模拟仿真很是不屑，以及 Proteus 不能仿真 MSP430G2553 型号，也就作罢。不过，作者建议读者可以适当从网上查找资料，使用 IAR 与 Proteus 实现联调，掌握后可以有效加快学习进度。

（4）英文资料与中文资料的问题。有兴趣的读者可以通过 TI 公司官方网站下载 MSP430G2553 的英文和中文编程指导手册，耐心对比翻译内容，会发现一个不争的事实：很多时候，看英文手册不明白的地方，再看中文手册，一样不明白。其主要原因是翻译的问题，译者对英文描述的把握不足以将技术问题清晰透彻地翻译成中文表达。为了节省学习时间和避免不必要的误解，作者在教学期间，建议学生直接阅读英文手册，不推荐使用中文手册。本书作者参考了 MSP430x2xx family user's guide，希望读者看本书时也能够同步"啃"英文。

（5）关于 Source Insight 的使用说明，下面给出操作示例。

① 下载 TI 公司的 MSP430 示例代码到本地计算机，参考第 1 章的相关描述。本书示例是将代码放在一个目录，同时将 IAR 目录下的 inc 文件夹也复制到该目录下，如图 2－29 和图 2－30 所示。

② 打开 Source Insight 窗口，新建项目(建议项目放在代码目录，参考图 2－31、图 2－32)，按照图 2－33 所示选择要加入项目的代码(包括头文件目录)。

③ 选择代码，全部加入新建的 Source Insight 项目中，如图 2－34 所示。注意代码文件选择和目录选择。

④ 选择同步操作。该操作是 Source Insight 最关键的一步,只有通过同步的项目才会将项目中的代码各种变量名、函数定义(引用)等进行关联。如图 2 - 35 所示,选择菜单栏中"P 项目"→"同步文件"命令,显示图 2 - 36 所示对话框。图 2 - 36 中显示了同步操作的选项。

图 2 - 29　IAR 的 inc 文件夹(该文件夹里面是 include 的引入头文件)

图 2 - 30　将 inc 放在代码目录(为了便于 Source Insight 同步)

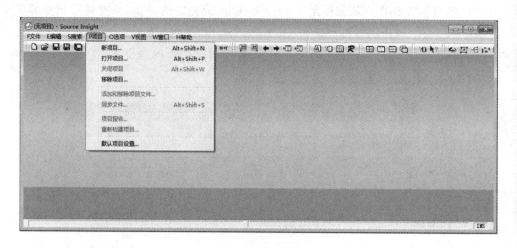

图 2 - 31　选择"新项目"命令

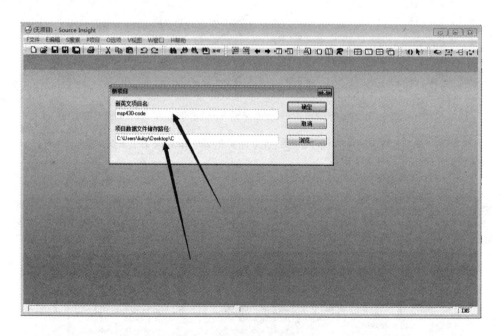

图 2 - 32　新建项目(将项目放在代码目录)

⑤ 在同步完成之后,如果代码文件夹不在系统盘(如 C 盘),则需要关闭然后再打开 Source Insight。图 2 - 37 显示了打开 Source Insight 后,选择了一个代码文件(图的右下部分),在中间窗体中显示代码内容。显示的风格与传统的 IDE 编辑风格有很大不同,通过各种不同颜色的标记,方便开发者能够查阅代码。

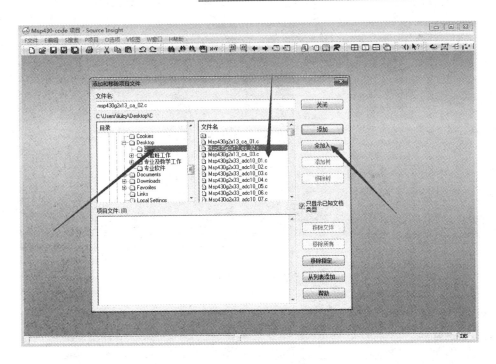

图 2－33　将代码加入到项目中

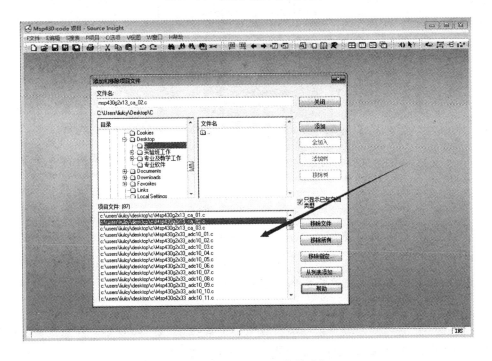

图 2－34　加入代码文件的过程

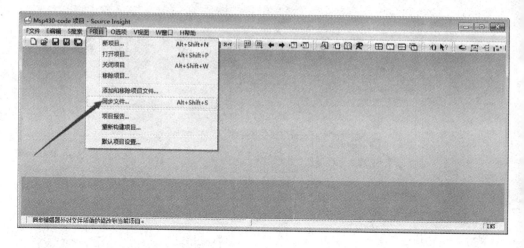

图 2-35　选择"同步文件"命令

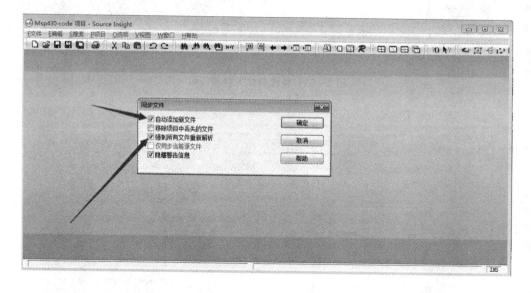

图 2-36　同步的选项

⑥ 这里讲解如何使用 Reference 功能对代码进行检索。Reference 功能是 Source Insight 的特色之一,它可以极快的速度在整个工程中找到所有的标记,并且在该行程序的前边加上红色箭头的小按钮链接上。图 2-38 显示如何进行 Reference,单击指定的 R 图标,弹出对话框如图 2-39 所示。

⑦ Reference 操作之后,会列出所有引用位置,如图 2-40 所示。注意观察图中的箭头指向的图标,单击该图标即可进入引用的位置(文件)。

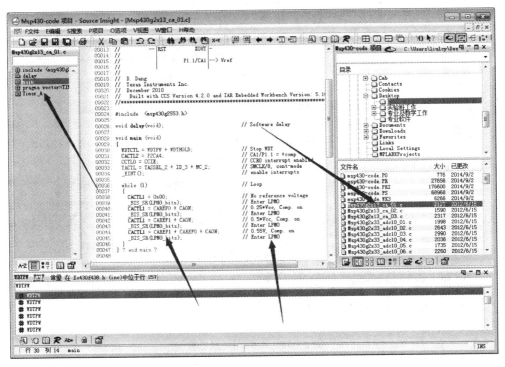

图 2 - 37　打开一个已经同步后的 Source Insight 项目

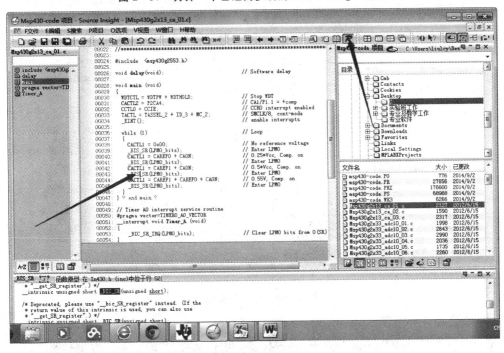

图 2 - 38　单击指定 R 图标进行 Reference 操作

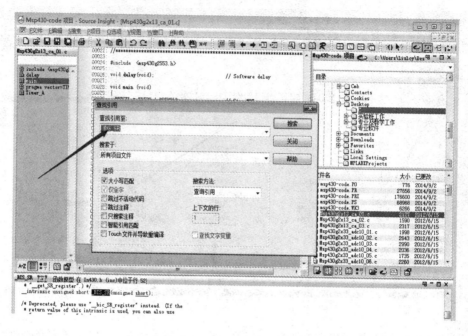

图 2 - 39　Reference 对话框

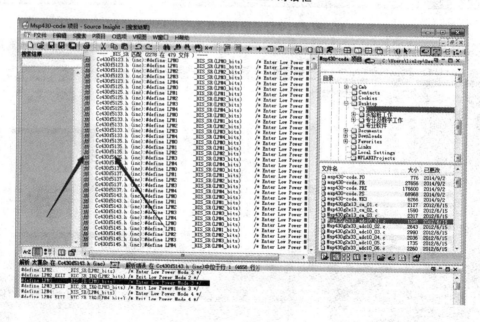

图 2 - 40　引用搜索结果

以上简单介绍了 Source Insight 的使用和 Reference 的应用,有兴趣的读者可以深入学习如何通过 Source Insight 进行代码分析和编写,百度文库里有相关文档。

第二篇　功能分析篇

第一篇属于入门，对于愿意动手测试的读者，通过第一篇的学习就可以让 LaunchPad"跑"起来了；甚至，如果拥有 C 语言和 51 单片机开发的基本经验，就能够"摸一遍"所提供的一些可以看到现象的示例程序了。作者也是这么入门的，按照电子技术学习的一个方法，即"不论如何，先'跑'起来再说"，自己安装了 IAR，结合多年以前编程的技术背景，很快将许多示例代码都"跑"了一遍，初步了解了MSP430 的开发环境与编程习惯。

在基本入门之后，重点是学习 MSP430 的内部功能。本篇包括 5章，分别为 MSP430 的端口、定时器、A/D 功能、通信以及看门狗、复位、基本时钟等资源。本篇没有涵盖 MSP430 所有的资源，仅关注难点与重点部分，侧重于通过对功能的电路原理图分析，引导读者掌握从电路的视角观察功能的应用。本篇是本书的核心部分，如果读者在阅读数据手册时有不易理解的地方，可对照本篇内容参考阅读，相信会有所帮助。

第 **3** 章

MSP430 之端口

学习方法:基于已有的 51 单片机端口的基本知识,通过对端口电路图的分析来了解 MSP430 端口特点,在此基础上,学习端口寄存器和对应的代码设计。由于大部分端口存在端口复用功能,所以对于初学者来说,尽量在一开始学习时能全面了解。在实际中,侧重于对 I/O 功能、A/D 功能、中断功能的应用。

本章学习效果:给作者所带学生(三个初学者,两个有较好学习经历的学生)进行演示和讲解,初学者能够基本掌握本章内容,能够通过端口电路原理图来更好地理解寄存器配置;其他两个学生认为通过学习电路原理图加深了对寄存器配置的理解。

3.1 MSP430G2x53 系列端口电路

图 3-1 显示了 MSP430 系列的部分端口功能,为 MSP430G2x53 系列的内部原理图,可以看到有三个 P 口(P 口的意思就是端口,通常技术人员习惯如此描述单片机的端口,P 是 port 的简称),每个 P 口有 8 个口,可以理解为一个字节控制一个 P 口。在数据手册 SLAS735J 中的 port schematic 章节给出了 P1、P2、P3 端口的内部电路原理图,笔者建议读者仔细分析该原理图,从较深的角度把握端口的应用。这也符合电路学习的习惯,即"读图比读文字重要"。

MSP430G2x53 系列单片机有三个 P 口,本章重点讲解 P1.0~P1.2 端口的功能。读者在理解之后,可参考数据手册 port schematic 章节(该章节详细描述了三个 P 口的电路原理图)内容学习其他 P 口的电路原理。

图 3-2 为 MSP430G2x53 系列单片机的 P1.0~P1.2 口的电路原理图。

在分析该图之前,建议读者阅读数据手册 SLAU144J 中 digital I/O 内容,大概了解端口的基本功能。下面对端口做如下简单描述:

① MSP430 设备有多达 8 个数字 I/O 口(P1~P8),不同系列型号所拥有的端口数不一定相同。每个端口包含 8 个 I/O 引脚,每个引脚可独立配置为输入或者输出口和读/写操作。

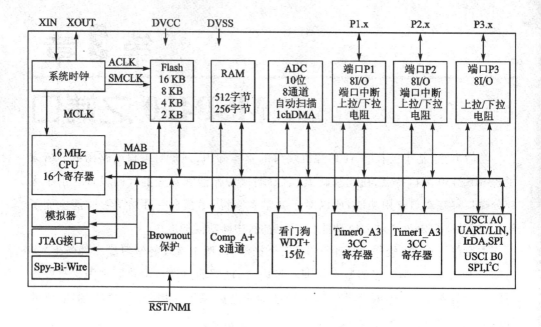

图 3-1　MSP430 芯片功能图

② 端口 P1 和 P2 具有中断功能,每个引脚的中断操作可以独立使能,也可配置成响应上升沿或者下降沿触发的信号。P1 口的 8 个中断信号共用一个中断矢量,P2 口类同,共用另一个中断矢量。

③ 数字 I/O 口具有如下特性:

● 独立可编程的 I/O 口;

● 任意组合的输入/输出引脚配置;

● P1、P2 口中断可独立配置;

● 输出与输入寄存器独立分开;

● 上拉、下拉电阻独立配置;

● 引脚晶振独立配置(部分型号拥有此功能)。

与端口配置及应用相关的寄存器如表 3-1 所列。读者在阅读后续电路原理图之前应做一个大概的了解,重点关注每个寄存器的初始值是什么。

表3-1　MSP430端口寄存器

端　口	寄存器	缩　写	地　址	类　型	初始状态
P1	输入	P1IN	020H	只读	—
	输出	P1OUT	021H	读/写	不变
	方向	P1DIR	022H	读/写	PUC复位
	中断标志	P1IFG	023H	读/写	PUC复位
	中断边沿设置	P1IES	024H	读/写	不变
	中断使能	P1IE	025H	读/写	PUC复位
	端口选择	P1SEL	026H	读/写	PUC复位
	端口选择2	P1SEL2	041H	读/写	PUC复位
	电阻使能	P1REN	027H	读/写	PUC复位
P2	输入	P2IN	028H	只读	—
	输出	P2OUT	029H	读/写	不变
	方向	P2DIR	02AH	读/写	PUC复位
	中断标志	P2IFG	02BH	读/写	PUC复位
	中断边沿设置	P2IES	02CH	读/写	不变
	中断使能	P2IE	02DH	读/写	PUC复位
	端口选择	P2SEL	02EH	读/写	PUC复位
	端口选择2	P2SEL2	042H	读/写	PUC复位
	电阻使能	P3REN	02FH	读/写	PUC复位
P3	输入	P3IN	018H	只读	—
	输出	P3OUT	019H	读/写	不变
	方向	P3DIR	01AH	读/写	PUC复位
	端口选择	P3SEL	01BH	读/写	PUC复位
	端口选择2	P3SEL2	043H	读/写	PUC复位
	电阻使能	P3REN	010H	读/写	PUC复位

　　在1.3节做过一个测试实验——关注端口的初始化状态值。举个例子,P1输出寄存器的初始值在PUC或者PRC之后都保持之前工作状态的值,也就是说,在实际应用中,假如MSP430由于某种意外情况突然复位或者脱机,这时输出寄存器的值依旧为复位和脱机前正常工作时的值。这样设计有助于通过分析最后输出状态来检查系统的异常复位或者脱机的原因。

　　图3-2所示为端口P1.0~P1.2原理图。

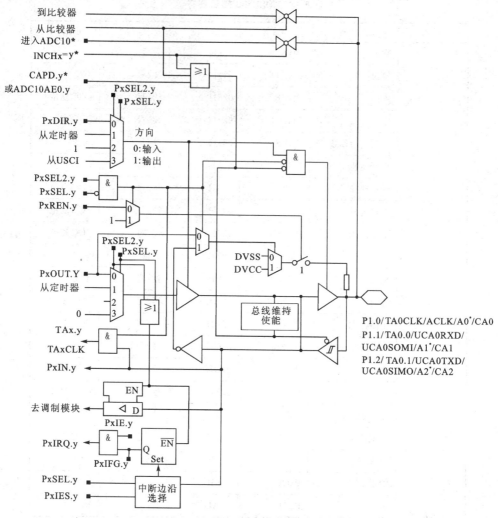

* 仅MSP430G2x53系列拥有该功能，MSP430G2x13系列没有ADC10模块。

图 3-2　P1.0～P1.2端口原理图

在图 3-3 中,作者标示了两条线,分别为:

① 对应输出端口信号路线图;

② 对应输入端口信号路线图。

简单地说,如果要从 PxOUT. y(x＝0～2,表示 P0/P1/P2;y＝0～7,表示对应的 8 个口之一)向外输出一个数字信号(1 或者 0),则按照图 3-3 中①线的流程,需要配置抉择器、端口方向、输出使能控制、上拉/下拉电阻,最后到输出引脚。如果引脚为输入,则按照②线流程进来信号,经过施密特触发器,到达 Px-IN. y 寄存器。下面根据图 3-3 的①、②线流程展开说明。

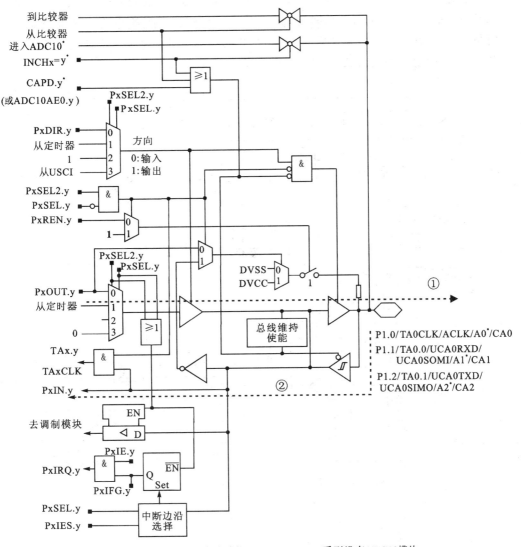

图 3－3　输出与输入信号线路图

3.1.1　数字输入通道分析

数字输入通道分析参考图 3－3 和图 3－4 中的②线。

输入信号进来的控制方式比较简单,从图 3－3 上看,仅施密特触发器受到使能控制,假如该使能信号为1(0 有效),则施密特触发器关闭,外面输入信号不能通过该触发器,进而信号不能进入 PxIN.y 寄存器,即普通数字输入引脚功能被关闭。什么情况下普通数字输入引脚功能被关闭? 也就是说,使能信号什么时候无效(信号为

1)? 根据图 3 - 4 的虚线③指示可知,在"从比较器"、INCHx = y、CAPD. y(或 AD10AE0. y)任意一个为 1 的时候,普通的 I/O 功能被关闭,改为 A/D 转换通道或捕获器时,关闭 3 - 4 中的施密特触发器,信号不进入 PxIN. y。此时信号改走如图 3 - 4 中④线所示指向通道进入 MSP430 系统。

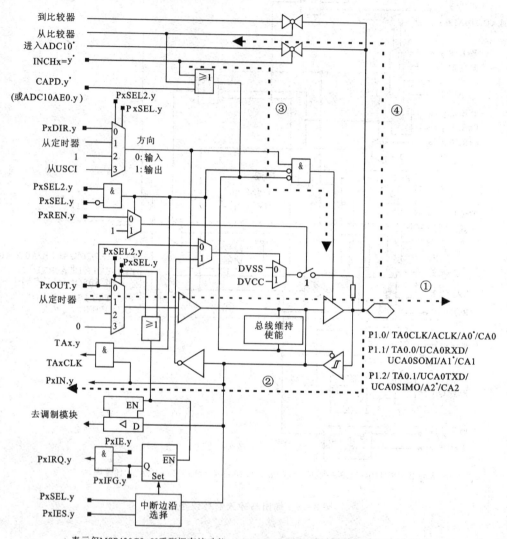

图 3 - 4　输入通道的方向指示(含③、④虚线)

根据图 3 - 4 知,配置为输入端口的方法较为简单,即选择端口方向为输入方向(避免输出数据"干扰"),选择端口为 I/O 端口功能,避免启动第一或者第二外围功能。对应的寄存器配置如下:

● PxDIR 配置引脚输入/输出方向。PxDIR＝0,为数字输入端口。

● PxSEL、PxSEL2 配置可参考数据手册 SLAU144J 的说明,如表 3 - 2 所列。

表 3 - 2　引脚功能配置

PxSEL2	PxSEL	引脚功能
0	0	I/O 口功能
0	1	第一外围模块功能
1	0	保留
1	1	第二外围模块功能

通过读取 PxIN.y 的值即可知道输入信号,如下段伪代码:

```
if( PxIN.y == 1)
{//如果输入信号为 1
}
if( PxIN.y == 0)
{//如果输入信号为 0
}
```

3.1.2　数字输出通道分析

相对于输入通道来说,输出通道复杂许多。根据前面描述,要想在 P 口输出 0 或者 1,需要经过一系列配置的控制路径,下面详细描述这条路径,以达到在学习端口应用的过程中掌握电路原理分析。图 3 - 5 描述了输出通道信号线路图,涉及①(抉择器)、②(使能缓冲器)、③(使能缓冲器)、④(上拉/下拉电阻)四步。

当写入 PxOUT.y 寄存器 1 或者 0 后,该数据先通过抉择器①(抉择器由 Px-SEL2.y 和 PxSEL.y 控制,且应配置为 PxSEL.y＝0,PxSEL2.y＝0),然后通过使能缓冲器②(该缓冲器的使能端由图 3 - 5 中⑤线所指示信号控制,可知使能缓冲器就是端口的方向控制)。当使能信号为 1(1 有效)时,缓冲器打开,信号可以通过。

使能信号为 1 的方法:PxSEL.y＝0,PxSEL2.y＝0,且 PxDIR.y＝1(即端口为输出端口)。后面跟着第二个使能缓冲器③,使能信号如图 3 - 5 的⑥线所示。需要在最后一级"与"门输出为 1 才能使能缓冲器(1 有效),即需要之前的"或"门输出 0,抉择器输出 1,"与"门输出 0。"或"门的信号控制与输入端口一致,可参考前面描述;抉择器输出信号为方向信号,与前一个使能缓冲器信号一致;后一个"与"门的输入信号是 PxSEL2.y 和 PxSEL.y,都为 0,输出也为 0。因此,该图的控制信号输出为 1,能够使能该缓冲器。

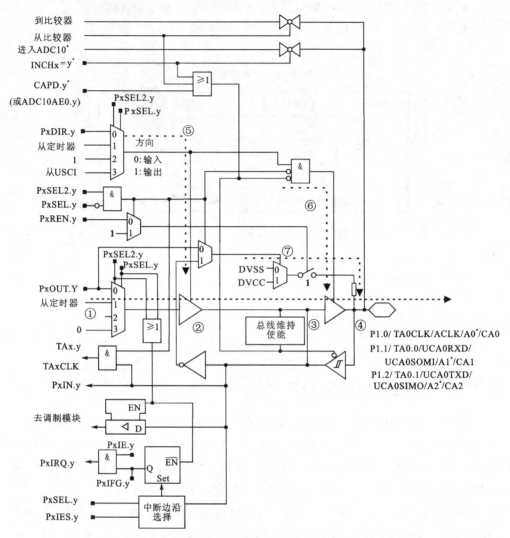

* 表示仅MSP430G2x53系列拥有该功能，MSP430G2x13系列没有ADC10模块。

图 3 - 5   输出通道的信号线路图

最后是上拉/下拉电阻④，如图 3 - 5 的⑦线所示。图中的 DVCC 为 MSP430 的电源电压，DVSS 一般表示 MSP430 连接的地。如果图中电阻接入 DVCC，表示为上拉电阻，在输出信号为高电平时，该上拉电阻能够提供较大电流输出（相对的）；如果输出信号为低电平，则电阻有电流流过（无用的电流，不必要的功耗浪费）。如果电阻接入 DVSS，则表示为下拉电阻，在输出信号为低电平时，该下拉电阻将信号与地连接；如果输出信号为高电平，则该电阻降低了输出的阻抗，没有正面作用。假如电阻不接，则处于悬浮状态。

根据上述分析,当处于输出端口时,可以选择接入上拉或者下拉电阻,也可以不接入,该选择由 PxREN.y 控制:

- PxREN.y＝0,表示不接入电阻(或者电阻失效);
- PxREN.y＝1,表示接入上拉或者下拉电阻。

因为 PxSEL2.y 和 PxSEL.y 已经为 0,所以 DVSS 和 DVCC 的抉择器由 Px-OUT.y 控制。因此有:

- 当 PxOUT.y＝1 时,输出高电平,自动选择上拉电阻;
- 当 PxOUT.y＝0 时,输出低电平,自动选择下拉电阻。

该处的电阻接入设计能够充分考虑到上拉对高电平有效,下拉对低电平有价值,是较为理想的功能设计。

在分析完普通 I/O 口功能后,可依据分析思路来研究第二功能的控制方式,这里再分析一下端口中断功能。

在 MSP430G2x53 系列单片机中,P1 和 P2 的所有引脚都具有外部中断功能,与51 单片机比较,MSP430 单片机的外部中断功能大大增强了。图 3－6 所示为端口的中断通道和其他通道。

由图 3－6 可以看出,外部中断信号将通过施密特触发器进入中断边沿控制器,在适当的配置下,合理的中断信号可被 PxIRQ.y 和 PxIFQ.y“觉察到”。

中断边沿选择,由 PxSEL.y 和 PxIES.y 控制:

- PxSEL.y＝0(必须为 0),否则中断信号将被屏蔽;
- PxIES.y＝0,表示中断信号在由低变高时有效;
- PxIES.y＝1,表示中断信号在由高变低时有效。

注意:PxSEL.y＝0 与图中中断触发器的使能引脚(EN)控制信号一致,该使能引脚(EN)低电平有效,为 PxSEL.Y 和 PxSEL2.Y 的“或”值,即 PxSEL.y＝0,Px-SEL2.y＝0。

在上述配置之后,合适的中断信号进入,PxIFG.y 会置 1,表示信号进入。只有配置了 PxIE.y＝1 后,才会触发系统的中断。

总结上述分析,要想配置端口为中断口,可如下配置:

- PxIE.y＝1;
- PxSEL.y＝0;
- PxSEL2.y＝0;
- PxIES.y＝0(或者 PxIES.y＝1);
- PxDIR.y＝0(表示端口为输入端口)。

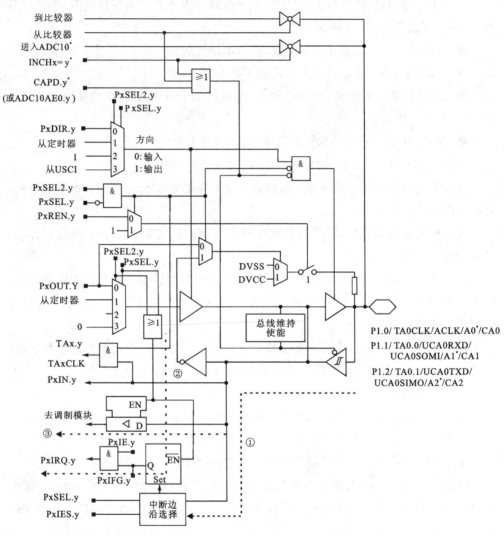

* 表示仅MSP430G2x53系列拥有该功能，MSP430G2x13系列没有ADC10模块。

图 3 - 6 端口的中断通道和其他通道

　　最后,分析端口作为其他功能时的电路原理图,如图 3 - 6 的③线所示。可以看出,输入信号从施密特触发器到带使能的 D 触发器后,信号进入特定功能模块。D 触发器的使能(1 有效)由 PxSEL.y 和 PxSEL2.y 的"或"值控制,只要 PxSEL.y 和 PxSEL2.y 不同时为 0 即可,根据数据手册描述,等价于打开第一或者第二外部功能。

　　总结:通过上述对端口电路原理图的分析,可以更好地理解寄存器配置的前因后果,也能够提高对电路的分析能力和加深对 MSP430 单片机的端口应用掌握。

3.2　常用端口寄存器的配置方式

使用过 51 单片机的读者应该知道,对单片机的编程,其本质就是配置单片机资源和控制流程设计,前者属于对单片机资源的掌握。51 单片机寄存器资源较少,比较容易理解其配置,通俗地说就是 4 个 P 口、2 个定时器、2 个外部中断、1 个串口等,对应的寄存器名称简单易记。

如果读者有 STM32 的开发经验,一定会被其近乎完美的库函数所迷倒(作者就是迷恋于其库函数),简单的 STM32 开发只需要调用所提供的各种配置函数即可,甚至都不需要了解对应的寄存器功能特性。作者曾经从事一个项目开发,需要使用 STM32 作为主控芯片,由于项目时间紧,无法深入了解该芯片的功能特点及寄存器,只好用配套的库函数和示例代码进行二次开发,开发速度快得超出想象,其原因就在于库函数的简洁易用。

相较于 51 寄存器的简单易用及 STM32 强大的库函数支持,MSP430 的开发就显得"不人道"了一些:寄存器规模庞大(相对于 51 单片机),没有强大的库函数支持,使初学者甚至"老手"也常常为寄存器配置头痛。

下面的内容分成两个部分。第一部分讲解 MSP430 端口的寄存器,侧重于从认知角度学习寄存器;第二部分讲解基于常用编程模式的 MSP430 端口寄存器配置。

根据表 3-1 对 MSP430 端口寄存器描述,可以大体上梳理出一个端口对应的寄存器配置,图 3-7 形象地描述了端口寄存器的关系。按照使用习惯,端口的最基本功能是输入/输出。根据图示,通过配置 PxREN、PxDIR 和 PxSEL 就可以设置端口的基本工作功能。下面给出典型的端口模式配置示例代码。

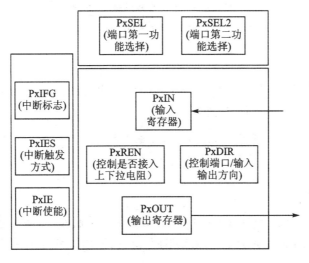

图 3-7　端口寄存器的关系图

在讲解典型代码模板之前,先列出 PxREN、PxSEL、PxSEL2、PxDIR 的寄存器使用说明:

(1) PxDIR——方向寄存器。每个 PxDIR 寄存器中的每个位选择相应 I/O 引脚的方向,这与位引脚选择功能无关。被选择用于其他功能的 I/O 引脚的 PxDIR 位必须按照其他功能的要求进行设定。

● 位=0:端口引脚被切换至输入方向;

● 位=1:端口引脚被切换至输出方向。

(2) PxREN——上拉/下拉电阻使能寄存器。每个 PxREN 寄存器中的每个位启用或者禁用相应 I/O 引脚的上拉/下拉电阻器。PxOUT 寄存器中的相应位选择是否上拉或下拉引脚。

● 位=0:上拉/下拉电阻器被禁用;

● 位=1:上拉/下拉电阻器被启用。

(3) PxSEL、PxSEL2——端口功能选择寄存器。端口引脚通常与其他外设模块功能复用。每个 PxSEL 和 PxSEL2 位被用来选择引脚功能(I/O 端口)或者外设模块功能,可参考表 3-2。

示例代码一:配置 P1 的 8 个端口为输入口,不接入上拉电阻。

```
P1SEL = 0x00        //这个可以忽略,上电后默认值
P1SEL2 = 0x00       //这个可以忽略,上电后默认值
P1DIR = 0x00
P1REN = 0x00
```

示例代码二:配置 P1 的 8 个端口为输出口,接入上拉电阻。

```
P1SEL = 0x00        //这个可以忽略,上电后默认值
P1SEL2 = 0x00       //这个可以忽略,上电后默认值
P1DIR = 0xff
P1REN = 0xff
```

示例代码三:配置 P1 的 P1.0~P1.4 端口为输入口,不接入上拉电阻;P1.5~ P1.7 端口为输出口,接入上拉电阻。

```
P1SEL = 0x00        //这个可以忽略,上电后默认值
P1SEL2 = 0x00       //这个可以忽略,上电后默认值
P1DIR = 0xf0
P1REN = 0xf0
```

示例代码四:配置 P1 的 P1.0、P1.2、P1.5 端口为输入口,接入上拉电阻;P1.1、P1.3、P1.4 端口为输出口,不接入上拉电阻。(注:采用"|=","&="来实现。)

```
P1SEL = 0x00        //这个可以忽略,上电后默认值
P1SEL2 = 0x00       //这个可以忽略,上电后默认值
```

```
P1DIR | = 0x23
P1REN | = 0x23
```

说明：使用"|＝"或者"&＝"来操作寄存器,其目的是不影响其他不需要配置的位。一般来说,如果使用了"|＝"或者"&＝"操作符,需要对默认值有所了解。

由于 MSP430 端口支持按位操作,但又没有像 51 那样具有位寄存器(如 P1.0 的写法也没有),习惯了 51 编程的开发者,当接触 MSP430 的端口编程时,会发现需要大量使用"|"、"&"、"|＝"、"&＝"这样的位运算符,如下面示例代码(来源于 msp430g2xx3_P1_01.c),可以见到大量的位运算符。实事求是地说,位运算符并不符合人的惯常思维方式,易造成开发的不便利。

```
void main(void)
{
    WDTCTL = WDTPW + WDTHOLD;        //关闭看门狗
    P1DIR | = 0x01;                  //P1.0 输出模式
    while (1)
    {
        if ((0x10 & P1IN)) P1OUT | = 0x01;
        else P1OUT & = ～0x01;
    }
}
```

3.3　端口中断功能的应用及配置

MSP430 的外部中断资源比较丰富,P1 和 P2 口都可以配置成中断口。根据表 3 - 3,与端口中断相关的寄存器只有三个,分别是 PxIE(中断使能,与 51 的 IE 类似)、PxIES(中断触发方式,与 51 的 IT 类似)和 PxIFG(中断标志,与 51 的 TI、RI 类似)。参照图 3 - 7,当配置端口为中断口时,端口 PxDIR、PxREN、PxSEL、Px-SEL2 寄存器都需要适当配置。下面先解读中断配置寄存器,然后给出几个示例代码。

PxIFG——中断标志寄存器。每个 PxIFGx 位是针对其相应 I/O 引脚的中断标志,并且当被选择的输入信号边沿出现在引脚上时被置位。当它们相应的 PxIE 位和 GIE 位被置位时,所有 PxIFGx 中断标志要求一个中断。每个 PxIFG 标志必须由软件复位。软件也可设定每个 PxIFG 标志,从而提供了一个生成软件初始中断的方法。

● 0:表示没有中断等待;

● 1:表示有中断等待。

PxIES——中断触发方式寄存器。每个 PxIES 位是针对其相应的 I/O 引脚选择中断标志。

● 0:用一个低电平到高电平转换来设定 PxIFGx 标志(上升沿触发);

● 1:用一个高电平到低电平转换来设定 PxIFGx 标志(下降沿触发)。

PxIE——中断使能寄存器。

● 0:禁止中断;

● 1:使能中断。

示例代码五:配置 P1 口作为中断口,下降沿触发。

配置代码如下:

```
P1DIR = 0x00          //中断是输入信号,要配置成输入口
P1REN = 0x00          //不接上拉电阻(实际也可以接入)
P1SEL = 0x00
P1SEL2 = 0x00
P1IES = 0Xff          //下降沿触发
P1IE = 0xff           //使能中断
```

说明:一般在配置中断功能时,把使能中断放在最后一步完成,以避免使能后还没有完成该有的配置就触发了中断。

示例代码六:配置 P1.0、P1.2 为中断口,下降沿触发;P1.1、P1.3 为中断口,上升沿触发;P1.4、P1.5 为输入口,接上拉电阻;P1.6、P1.7 为输出口,不接上拉电阻。

配置代码如下:

```
P1DIR = 0xc0          //P1.6/P1.7 输出,其他端口都是输入
P1REN = 0x30          //P1.4/P1.5 有上拉电阻,其他端口都没有配置
P1SEL = 0x00
P1SEL2 = 0x00
P1IES = 0x0A          //P1.0、P1.2 是下降沿触发;P1.1、P1.2 是上升沿触发
P1IE = 0x0f           //P1.0~P1.3 中断口需要使能
```

示例代码七:参考 msp430g2xx3_P1_04.c 的设计要求,P1.4 为下降沿触发的中断口,P1.0 为输出口,驱动一个 LED 灯。

程序设计:若 P1.4 口有触发,则翻转 LED 灯作为指示。

配置代码如下:

```
P1DIR = 0x01;         //P1.0 为输出模式
P1OUT = 0x10;
P1REN | = 0x10;       //P1.4 上拉
P1IES | = 0x10;       //P1.4 上下边沿触发
```

```
P1IFG & = ~0x10;      //P1.4 IFG 清除
P1IE | = 0x10;        //P1.4 中断使能
```

中断处理代码如下：

```
#pragma vector = PORT1_VECTOR
__interrupt void Port_1(void)
{
    P1OUT ^= 0x01;    //P1.0 翻转
    P1IFG & = ~0x10;  //P1.4 IFG 清除
}
```

说明：这个示例代码来源于 TI 公司的官方代码，可以看到在端口配置（操作）上使用大量的位操作符。虽然作者对这样的操作不是很赞赏，但开发者需要习惯这样的操作。

示例代码八：对比中断功能与普通的端口查询操作的性能差异。请参考 msp430g2xx3_P1_03.c 代码。配置 P1.4 为输入口，P1.0 为输出口。如果 P1.4 输入口为高电平，则 P1.0 输出口为高电平，LED 灯点亮；如果 P1.4 输入口为低电平，则 P1.0 输出口为低电平，LED 灯熄灭。

完整的功能代码（不是全部代码）如下：

```
WDTCTL = WDTPW + WDTHOLD;        //关闭看门狗
P1DIR = 0x01;                    //P1.0 输出模式
P1OUT = 0x10;
P1REN | = 0x10;                  //P1.4 上拉

while (1)
    {
        if (0x10 & P1IN) P1OUT | = 0x01;
        else P1OUT & = ~0x01;
    }
```

说明：在 while(1)循环里面判断 P1.4，然后控制 P1.0 输出。如果是 51，则代码可以简化为

```
While(1)
P1.0 = p1.4;
```

这也是 51 单片机到现在还有市场的原因之一——强大的端口位操作功能。

对比 msp430g2xx3_P1_04.c 的功能部分代码，如下：

```
void main(void)
{
```

```
    WDTCTL = WDTPW + WDTHOLD;          //关闭看门狗
    P1DIR = 0x01;                      //P1.0 输出模式
    P1OUT = 0x10;
    P1REN |= 0x10;                     //P1.4 配置为上拉
    P1IE |= 0x10;                      //P1.4 中断使能
    P1IES |= 0x10;                     //设置 P1.4 上下边沿触发
    P1IFG &= ～0x10;                    //P1.4 IFG 清除

    _BIS_SR(LPM4_bits + GIE);          //进入 LPM4 低功耗,使能中断
}
// Port 1 interrupt service routine
#pragma vector = PORT1_VECTOR
__interrupt void Port_1(void)
{
    P1OUT ^= 0x01;                     //P1.0 翻转
    P1IFG &= ～0x10;                    //P1.4 IFG 清除
}
```

说明:当配置了中断之后,代码执行_BIS_SR(LPM4_bits + GIE),单片机进入低功耗状态,不再工作(正常工作)。在此程序中,只有外部中断触发了 P1.4 口,单片机才会进入中断程序执行,执行完中断程序后,再次进入低功耗状态。

与上面的端口查询比较可以看出,中断功能可以充分利用 MSP430 的低功耗睡眠模式来节省功耗。51 单片机就没有这样的优势了。

MSP430 的 P1、P2 口可以作为外部中断口,共计有 16 个外部中断,在中断程序中设计模式一般如下:

(1) P1 口的中断:

```
// Port 1 interrupt service routine
#pragma vector = PORT1_VECTOR
__interrupt void Port_1(void)
{
    P1OUT ^= 0x01;                     //P1.0 翻转
    P1IFG &= ～0x10;                    //P1.4 IFG 清除
}
```

(2) P2 口的中断:

```
// Port2  interrupt service routine
#pragma vector = PORT2_VECTOR
__interrupt void Port_2(void)
{
```

```
    P2OUT ^ = 0x01;              // 翻转 P2.0
    P2IFG & = ～0x10;            // P2.4 IFG 清除
}
```

在数据手册 slau144.pdf 中,描述了 MSP430 全系列的中断源、标志和中断矢量,但不是很精确,需要根据具体的型号来定。在数据手册 SLAS735J 中列出了与 MSP430G2553 相关的中断源、标志和中断矢量,如表 3－3 所列。可以看出,P1 和 P2 端口作为外部中断口时,每个端口的 8 个引脚中断共享一个中断矢量,其中:P1 中断矢量地址为 0xFFE4,P2 中断矢量地址为 0xFFE6。参考 msp430g2xx3_P1_04.c,代码 ♯pragma vector＝PORT1_VECTOR 的作用与 51 中断代码 void xx() using 0 类似,指明了中断程序的入口地址。

```
# pragma vector = PORT1_VECTOR
__interrupt void Port_1(void)
{
    P1OUT ^ = 0x01;              // 翻转 P1.0
    P1IFG & = ～0x10;            // P1.4 IFG 清除
}
```

读者可以借助于 Source Insight 来研究 PORT1_ VECTOR 的定义,可以在 msp430g2553.h 头文件中找到。

因为 P1(或者 P2)口的 8 个外部中断共用一个中断矢量,其本质就是需要使用同一个中断程序入口,所以在端口中断的应用中,需要考虑在中断程序中遍历可能存在中断标志的端口。由于 PxIFG 标志不是硬件清除,需要软件清除,因此这样的遍历不会存在中断丢失现象。在同一个 P 口(P1 或者 P2)的 8 个端口没有中断优先级,假如在设计中需要考虑优先级关系,应通过遍历的先后顺序安排来实现优先级。

表 3－3　MSP430G2553 中断表

中断源	中断标志	系统中断	字地址	优先级
上电(power-up) 外部复位(external reset) 看门狗定时器 Flash 密码异常 PC 指针异常	PORIFG RSTIFG WDTIFG KEYV	复位	0xFFFE	31 (最高优先级)
NMI 晶振失效 Flash 内容操作异常	NMIIFG OFIFG ACCVIFG	非掩码	0xFFFC	30
Timer1_A3	TA1CCR0 CCIFG	掩码	0xFFFA	29

中断资源	中断标志	系统中断	字地址	优先级
Timer1_A3	TA1CCR2,TA1CCR1, CCIFG,TAIFG	掩码	0xFFF8	28
Comparator_A+	CAIFG	掩码	0xFFF6	27
Watchdog_Timer+	WDTIFG	掩码	0xFFF4	26
Timer0_A3	TA0CCR0 CCIFG	掩码	0xFFF2	25
Timer0_A3	TA0CCR2,TA0CCR1, CCIFG,TAIFG	掩码	0xFFF0	24
USCI_A0/USCI_B0 接收 USCI_B0 I²C 状态	UCA0TXIFG、 UCB0TXIFG	掩码	0xFFEE	23
USCI_A0/USCI_B0 发送 USCI_B0 I²C 接收/发送	UCA0TXIFG、 UCB0TXIFG	掩码	0xFFEC	22
ADC10	ADC10IFG	掩码	0xFFEA	21
I/O 端口 P2	P2IFG. 0~P2IFG. 7	掩码	0xFFE6	19
I/O 端口 P1	P1IFG. 0~P1IFG. 7	掩码	0xFFE4	18

3.4 其他功能的配置模式

端口复用在 51 单片机时代就已存在,其 P3 口存在复用。由于 51 单片机的复用引脚功能清晰简单,开发者在使用时不需要考虑如何选择复用功能。MSP430 的引脚复用情况很普遍,有的引脚甚至存在多种复用功能,如何选择就需要应用 PxSEL、PxSEL2 寄存器进行配置。表 3-4 为端口 P1 引脚功能(可参阅 SLAS735J)。P1.5 引脚复用功能有:TA0、UCB0CLK、UCA0STE、A5、CA5、TMS、Pin Osc,根据表中 P1SEL. x 和 P1SEL2. x 配置可以较容易地选择复用功能。另外,有些复用功能如同 51 单片机一样,在选择了相关功能寄存器(如 ADC 寄存器)配置后,会自动转换为对应的复用功能,转换原则可参考本章前面的端口电路图来分析。

端口复用功能提高了芯片引脚的性价比,但也给开发者带来了配置烦恼,尤其是阅读引脚电路图与应用寄存器。尽管如此,仍然建议读者仔细阅读引脚电路图,了解引脚基本功能,作者认为这是基本功,如同要了解汇编才能真正深入了解指令时间等概念一样。这些概念在 20 世纪 90 年代初期很多教科书中还存在,现在都已经慢慢消失了。

表 3－4　端口 P1(P1.5~P1.7)引脚功能

引脚名称 (P1.x)	x	功　能	控制位和信号					
			P1DIR.x	P1SEL.x	P1SEL2.x	ADC10AE.x INCH.x=1	JTAG 模式	CAPD.y
P1.5/ TA0.0/ UCB0CLK/ UCA0STE/ A5/CA5/ TMS/ Pin Osc	5	P1.x(I/O)	I:0;O:1	0	0	0	0	0
		TA0.0	1	1	0	0	0	0
		UCB0CLK	来自 USCI	1	1	0	0	0
		UCA0STE	来自 USCI	1	1	0	0	0
		A5	X	X	X	1(y=5)	0	0
		CA5	X	X	X	0	0	1(y=5)
		TMS	X	X	X	0	1	0
		电容感测	X	0	1	0	0	0
P1.6/ TA0.1/ UCB0SOMI/ UCB0SCL/ A6/ CA6/ TDI/ TCLK/ Pin Osc	6	P1.x(I/O)	I:0;O:1	0	0	0	0	0
		TA0.1	1	1	0	0	0	0
		UCB0SOMI	来自 USCI	1	1	0	0	0
		UCB0SCL	来自 USCI	1	1	0	0	0
		A6	X	X	X	1(y=6)	0	0
		CA6	X	X	X	0	0	1(y=6)
		TDI/TCLK	X	X	X	0	1	0
		电容感测	X	0	1	0	0	0
P1.7/ UCB0SIMO/ UCB0SDA/ A7/CA7/ CAOUT TDO/ TDI/ Pin Osc	7	P1.x(I/O)	I:0;O:1	0	0	0	0	0
		UCB0SIMO	来自 USCI	1	1	0	0	0
		UCB0SDA	来自 USCI	1	1	0	0	0
		A7	X	X	X	1(y=7)	0	0
		CA7	X	X	X	0	0	1(y=7)
		CAOUT	1	1	0	0	0	0
		TDO/TDI	X	X	X	0	1	0
		电容感测	X	0	1	0	0	0

本章小结

(1) 阅读芯片数据手册中的电路图需要的知识背景。首先是数字电子技术知识,然后是简单的模拟电子技术知识,主要是场效应管的知识内容。如果读者还要分析数据手册中出现的时序图,建议找一本计算机组成原理之类的书,或者是早期(20

世纪 90 年代)单片机教科书,上面会讲解汇编语言以及机器周期、指令周期等概念。阅读芯片手册是基本功,单片机开发从技术上来说是芯片配置和程序设计,芯片配置操作建立在对数据手册详细阅读和掌握的基础上。根据作者对所教学生的培训分析来看,如果对数据手册认真阅读并进行一定时间的训练和指导,将明显有助于读者后期自学和提高解决问题的能力。

(2) 对比 51 单片机与 MSP430 的引脚,可以看出以下典型不同:

① 51 单片机引脚的寄存器支持位操作,有独立的位寄存器,可实现 P1.2＝1 这样的操作方式;MSP430 没有这样"强大"的功能,所以对引脚操作需要大量的位操作符,是编程的憾事。

② 51 单片机主要是 5 V 电平供电,而 MSP430 主要采用 3.3 V 电平(具体见数据手册描述)。这是由于历史上先用 5 V 作为数字电平,所以后来的 3.3 V 单片机都会考虑引脚 5 V 兼容问题。读者需要仔细阅读手册,查看所使用的引脚是否可以兼容 5 V 电平,以避免烧掉引脚。

第 **4** 章

MSP430 之定时器

编写本篇内容时，作者调查了学生学习 MSP430 定时器的感受，用他们的话说，"定时器很复杂，应该是最复杂的功能模块"。作者对此感慨也很多。记得在大学学习"计算机组成原理"和"单片机技术"等课程时，较系统学习了计算机系统内部组成原理和汇编语言知识，对 8051 单片机的组成、工作原理，甚至包括指令执行时序都一板一眼地学习了一遍。当时的感触是太难了，连单片机长什么样子都没见过几次（羞愧），更不用说单片机实际编程了。而现在，学生学习环境如此优越，电子技术方面的资料如此丰富，以至于我经常感慨是否要写书，数据手册拿来仔细研究不就可以了吗？作者经常告诉自己的学生：尽量不要从图书馆借教科书似的单片机书籍，因为看这些书远不如仔细阅读数据手册有价值。但事实真的如此吗？对比作者大学时期学习电子技术，单从编程角度看，作者有这样的感觉：15 年前的学习侧重于"内力"学习，对每个指令都会详细分析其执行过程，以及内部数据、指令、寄存器的变化；15 年后的今天，几乎所有单片机编程的书籍都是以 C 语言入手，简单讲解单片机的内部机制，然后转入对寄存器以及实现功能的详细分析，更像是练习"外功"。

学生提出 MSP430 定时器较难学习和应用，作者仔细对比 8051 的定时器后发现，其本质功能是一样的，无非是基于计数器来实现定时，再包装成捕获器功能，或者是 PWM 输出功能。写书至此，作者很想感慨，是不是该有一本这样的书：能够描述基于单片机编程的各种技术细节，如总线结构、指令周期、机器周期、汇编语言等。这些在作者眼里是嵌入式编程的"内功"。有了这些"内功"，至于用什么单片机，都没有什么太大的难度。

本书另辟蹊径，采取基于电路的视野观察单片机应用，引导读者分析功能电路原理图，分析工作流程图（即程序流程图），建立在实际编程语言之外的设计思维方式。作者也由于精力和时间的限制，无法将更多的内容展开描述。

下面进入本章主要内容——MSP430 之定时器，主要以 Timer_A 定时器为主，并穿插对比 8051 的定时器功能。

4.1　单片机定时器功能概述

定时器是单片机的主要功能模块之一，如同人带手表一样。在适当配置了定时器功能后，单片机可充分依赖定时器完成一些与时间点、时间段相关的事情，与人们

用手表计时是一样的。

单片机定时器的工作原理是基于对单片机时钟的计数,而手表的工作原理是基于对秒(或者秒表计时是基于对毫秒、1/10 秒、秒)的计数。通常手表的时间可以用多少秒来表示,而单片机的定时器因单片机时钟特性通常以毫秒、微秒为单位。

以传统的 51 单片机为例(不知道国外是否也认为 51 单片机是"传统"单片机),51 单片机有 2 个定时器模块,可以配置成定时器或者计数器。在工作时,如果定时/计数达到预定值,那么可以触发中断,让单片机处理响应的中断响应。在实际应用中,一般用计数器来实现对外部信号的计数功能,如从某个时刻开始计数,信号有多少个上升沿(或者高电平等);用定时器实现控制某个 P 口引脚送出方波信号、信号的频率以及高低电平的时长(占空比)。

由于 51 单片机的系统时钟源是"唯一"的(这种表述不算非常精确),所以 51 单片机的定时器模块只有一个时钟源,无需选择和配置。在后期的各种单片机发展过程中,时钟源可以选择和配置(如 MSP430),所以定时器也可以根据需要选择时钟源。在定时器的应用方面,越来越侧重于其典型功能的开发,即基于计数器的信号计数(后改为捕获)功能和基于定时器的信号输出(后改为 PWM)功能的深入开发。

以低功耗为主要特色的 MSP430 系列单片机中,较为复杂的时钟源组成既为定时器模块提供了丰富的选择空间,也为设计者开发带来一定的麻烦。在定时器模块的应用方面,MSP430 拓展了信号捕获与 PWM 信号产生的功能。作者认为,这些功能或许是为了与 STM32 的类似功能展开竞争,要知道 STM32 的定时器功能更加复杂。

4.2　Timer_A 的电路图描述

数据手册中这样描述 Timer_A:具有 3 个 16 位的带有捕获/比较寄存器功能的定时/计数器,支持捕获/比较、PWM 输出功能;具备中断功能。

具体如下:

- 四种运行模式下的异步 16 位定时/计数器;
- 时钟源可配置;
- 可配置的捕获/比较寄存器;
- 可配置的 PWM 输出功能;
- 异步输入和输出锁存;
- 中断向量寄存器。

Timer_A 的电路原理如图 4-1 所示。图中将功能模块分成上、下两个部分,实线框是定时/计数器的时钟模块,解释了定时/计数器的计数/定时机制,即如何使用时钟源,如何控制计数/定时;虚线框则侧重于应用功能,即捕获/比较功能和 PWM 功能。简单地说,实线框是定时器的定时功能电路,虚线框是定时器的应用功能电路。图中仅仅画出了 CCR2 的功能,省略了 CCR0 和 CCR1 功能模块。根据数据手册描述,CCR0、CCR1 和 CCR2 功能近乎一致(作者认为,数据手册如此简化表述是不严谨的,因为它是最权威的芯片功能表述文档,应尽可能详细描述每一个设计功能。这也是 TI 公司的数据手册经常被业界技术人员所诟病的一点)。

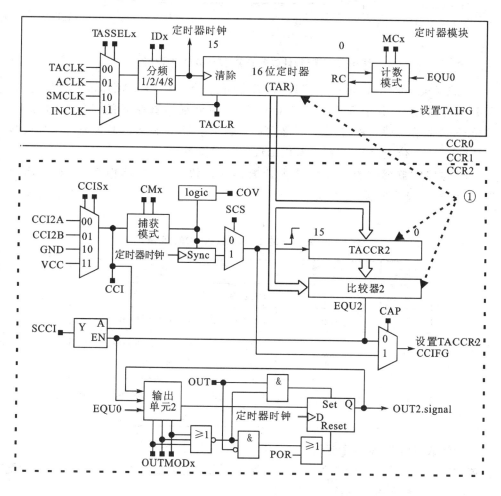

图 4 - 1　Timer_A 的电路原理图

先分析定时/计数器的定时/计数功能实现机制,参看图 4 - 2。图中的核心部分是 16 位定时器(16-bit Timer),电路功能围绕这个 16 位定时器展开,包括配置定时器的时钟源和工作模式。

配置定时/计数器工作,首先考虑使用什么时钟源;然后考虑是配置成计数模式还是定时模式:如果是定时,则要确定时长,如果是计数,则确定计数到多少。最后考虑配置是否触发中断。

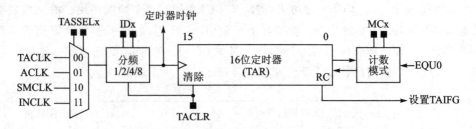

图 4 - 2　定时/计数器的定时/计数电路原理图

从图 4 - 2 可见，Timer_A 定时/计数器可选择 TACLK、ACLK、SMCLK、IN-CLK 四种时钟源，其中 TACLK 和 INCLK 是由外部引脚输入的时钟，时钟源由 TASSELx 寄存器进行配置（具体配置可参见数据手册）。输入的时钟源可经分频器分频后进入 16 位定时器模块，分频由 IDx 寄存器控制。

16 位定时器模块的工作模式由计数模式模块配置，具体由 MCx 寄存器设置，工作模式包括四种，分别是 Stop、Up、Continuous 和 Up/Down，具体描述参见表 4 - 1。

表 4 - 1　定时器的工作模式（以 CCR0 为例）

MCx	工作模式	描　　述
00	Stop	定时器停止工作
01	Up	定时器反复从 0 加计数到 TACCR0 值
10	Continuous	定时器从 0 计数到 0xFFFF，再跳回到 0，再计数到 0xFFFF，重复进行
11	Up/Down	定时器从 0 加计数到 TACCR0 值，接着减法计数到 0

当计数溢出后，根据配置情况中断标志位 TAIFG 置位。图 4 - 2 中，TACLR 位能够对定时器模块进行计数清零操作。当 TACLR 置位时，计数值清零，同时分频配置和操作模式配置都被清除。

表 4 - 1 中提到的 TACCR0 是 Timer_A 定时器的基准计数寄存器，类似的还有 TACCR1、TACCR2 寄存器。16 位定时器（TAR）用于存放实时计数值，将该值与 TACCR0 比较来获取是否达到"溢出"状态。参见图 4 - 1 中的虚线①标示。

通过前面简单描述，读者对 Timer_A 定时器的定时模块功能有了较为清楚的了解，知道该功能模块包括选择时钟源，设定分频倍数，配置 TACCR0 值，设定工作模式（包括启动定时器工作）。对比 51 单片机定时器工作特性，其定时器可以设置 4 种工作模式，分别是 8 位计数器（具有自动装填值功能）、13 位计数器（为了与 8051 之前的控制器兼容）、16 位计数器等（还有一个方式 3 工作模式）。MSP430 的定时器

Timer_A 的工作模式设定与 51 定时器存在很大的不同,没有纠结在计数位数上(统一为 16 位),转为对计数形式进行分类。下面介绍表 4 - 1 中的 4 种工作模式,同时配合相应的示意图。

1. Stop 模式

配置 MCx=00,即等于停止 Timer_A 定时器工作。

2. Up 模式

在该模式下,Timer_A 重复进行计数操作,从 0 加计数到 TACCR0 值,然后跳回到 0,再计数到 TACCR0 值。图 4 - 3 所示描绘了该模式的工作特性,计数模式与锯齿波类似,计数值可控(设定 TACCR0 值)。当 16 位定时器(TAR)值从 0 计数到大于 TACCR0 值之后,自动归零重新开始;当 TAR 值等于 TACCR0 值时,TACCR0 对应的中断标志位 TACCR0 CCIFG 置位;当 TAR 值归零时,中断标志位 TAIFG 置位。中断标志位 TAIFG 置位等同于中断触发,而触发的时间点较为关键,数据手册中给出了上述两个中断标志位的时序图,如图 4 - 4 所示。

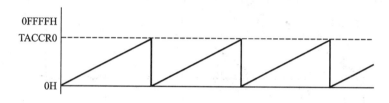

图 4 - 3　Up 模式工作示意图

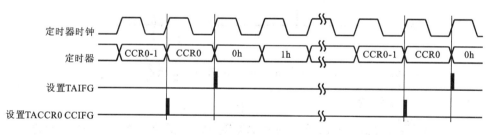

图 4 - 4　中断时序图

读者思考一下,在 51 单片机定时器工作期间,改变 THx 和 TLx 的值会产生什么样的影响? 通常,在基于 51 单片机学习过程中,类似于电子琴这样的项目中会遇到,一般是忽略该影响的,因为仅仅是可能产生一次计数误差。如果在计数中修改了 TACCR0 值,也会产生类似的影响,但一般也忽略了,除非是对计数、定时要求非常高的场合。

3. Continuous 模式

Continuous 模式与 Up 模式类似,不同的是计数"终点值"不同,连续模式下的终点值是 0xFFFF。Continuous 模式工作的示意图如图 4 - 5 所示。

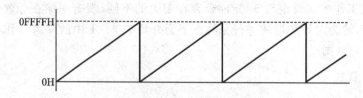

图 4 - 5　Continuous 模式工作示意图

在连续模式下,当 TAR 计数从 0xFFFF 翻转到 0 时,中断标志位 TAIFG 置位。

在该模式下有一个较复杂的设计,即在连续模式下设置 TACCRx 值,当计数值等于 TACCRx 时,会置位对应的 CCIFG 中断标志位,如图 4 - 6 所示。在每个计数期间,当 TAR 值等于预设的 TACCRx 值时,触发了对应 CCIFG 中断标志位。该设计机制为无延时的中断处理模式提供了一种设计途径。此处可参阅数据手册述。

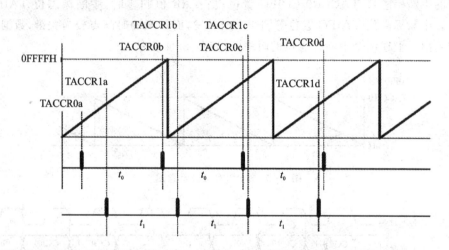

图 4 - 6　Continuous 模式下应用示意图

4. Up/Down 模式

该模式下,定时器从 0 加计数到 TACCR0 值,然后从 TACCR0 值减计数到 0,如图 4 - 7 所示,类似于一个对称的三角波效果。该模式计数过程中,如果停止计数(MCx=00),然后再进入该模式计数,则能继续原有的计数过程。(注:此处数据手册的表达不是很清晰,且没有描述在 Up 模式和 Cotinuous 模式下,停止计数和再次进入该模式时,TAR 值是否发生变化。)

Up/Down 模式工作时,TACCR0 CCIFG 和 TAIFG 中断标志位在特定的位置被置位,参考图 4 - 8 所示。在该模式工作期间,如果修改了 TACCR0 值,最多会产生一个计数周期的误差。

数据手册中描述了 Up、Continuous 和 Up/Down 三种工作模式的主要应用场景,本章先讲解定时器的应用模式,然后结合工作模式深入讲解典型应用。

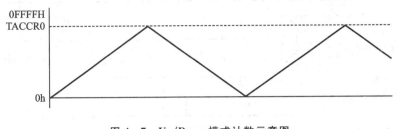

图 4 - 7　Up/Down 模式计数示意图

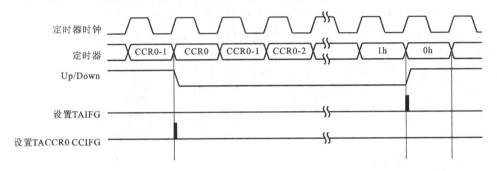

图 4 - 8　TACCR0 和 TAIFG 在 Up/Down 模式下的置位

4.3　Timer_A 的应用模式

图 4 - 9 的虚线框中，描述了定时器的应用功能(捕获/比较功能)。

4.3.1　捕获功能

捕获功能起源于 51 单片机时代对输入信号计数的功能，通过设定计数模式(对信号的边沿触发计数，或者对信号高电平计数)，对进入的信号累加计数，如常见的基于 51 单片机的频率计设计就使用了定时器的计数模式。后来将对信号的计数规范为信号捕获功能，在 MSP430 的 Timer_A 定时器中，拓展为可以选择指定的信号源(如选择 CCIxA、CCIxB、V_{CC}、GND 等信号源，可由 CCISx 寄存器配置)，可进行信号与时钟源的同步触发(SCS 配置)，可实时获取信号的电平状态(CCI 寄存器值)等。在图 4 - 10 中，依据箭头指向，可以清晰地看出捕获功能处理流程图，外部信号(四种)进入 CCISx 控制的抉择器，然后进入 MCx 控制寄存器(决定是否要捕获信号以及如何捕获)；同时，CCI 寄存器可实时反映信号的电平状态。信号通过 MCx 模块后，进入时钟同步抉择器(由 SCS 控制)，然后触发计数器进行信号触发次数累加操作，同时，触发的信号也可以触发中断标志位置位(TACCR2 CCIFG)。

捕获与比较工作模式是通过 CAP 寄存器进行配置的，当 CAP＝1 时，选择为捕获功能；当 CAP＝0 时，选择为比较功能。

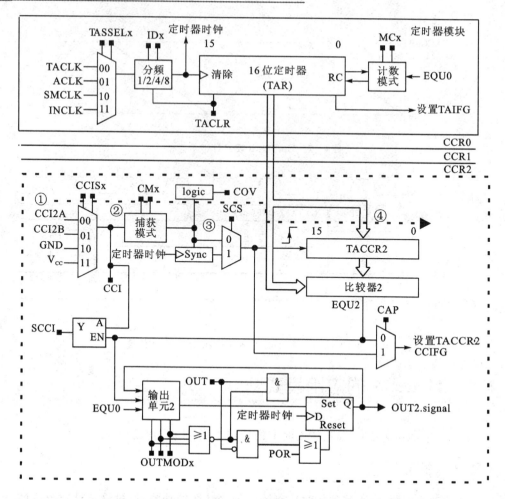

图 4 - 9　Timer_A 的应用功能模块

4.3.2　比较功能

　　比较功能相对于捕获功能要复杂一些。51 单片机中没有类似的功能描述,通俗地说,Timer_A 定时器的比较功能相当于早期 51 单片机在定时器中断处理中控制端口的电平变化,或者说是将原先软件控制的波形发生器改为由硬件实现,大大节省了软件设计负担,最为著名的当属 PWM 波形发生器功能了。图 4 - 10 的虚线⑤描述比较功能的电路示意图。

　　比较功能模块中最右边是 OUT2. signal 信号输出。简而言之,比较功能最终通过该引脚输出的信号,也包括产生中断。比较功能模块的核心在于输出控制模式设置,即 OUTMODx 寄存器。通过该寄存器的配置,可以实现 8 种不同的比较输出模式,如表 4 - 2 所列(可参阅数据手册)。

　　数据手册中有一个非常含糊的表述,在比较模式的输出模式描述中(见数据手册中

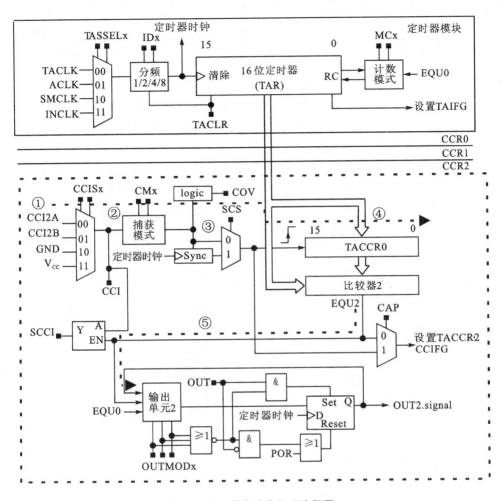

图 4-10　捕获功能处理流程图

Timer_A 章节相关图)采用了 CCR1 功能模块(Timer_A 定时器共有 3 个功能模块,分别是 CCR0、CCR1、CCR2,在图 4-1 中画出了 CCR2,CCR1 和 CCR0 省略)进行举例表述,其中输出模式 2、3、6、7 依赖于 CCR0 的计数器,但没有说明其内部电路实现机制。

通过表 4-2 可以较清楚地看懂 8 种输出模式的功能特点和不同之处。

表 4-2　输出模式列表

OUTMODx	模　式	描　　述
000	输出	比较功能模块输出由 OUTx 寄存器控制,即输出为 OUTx 寄存器的值
001	置位	当计数到 TACCRx 值时,输出为高电平(置位)。一直保持到定时器被复位或者选择了另一个比较输出模式并影响了输出。简单地说,就是计数达到指定值(TACCRx)后,输出是高电平,并一直保持不变,除非定时器复位或者输出模式改变,并在改变后的模式中产生了低电平输出

OUTMODx	模 式	描 述
010	切换/复位	当计数到 TACCRx 值时,输出信号电平切换(高变低、低变高)。当计数到 TACCR0 值时,信号复位为低电平。此处用到了 TACCR0
011	置位/复位	当计数到 TACCRx 值时,CCRx 输出信号电平变为高电平。当计数到 TAC-CR0 值时,信号复位为低电平。此处用到了 TACCR0
100	切换	当计数到 TACCRx 值时,CCRx 输出信号电平切换(高变低、低变高)
101	复位	当计数到 TACCRx 值时,输出信号电平变为低电平(复位),保持复位状态,直到选择了另外一种输出模式并且在该模式下输出了高电平
110	切换/置位	当计数到 TACCRx 值时,CCRx 输出信号电平切换(高变低、低变高)。当计数到 TACCR0 值时,信号复位为高电平。此处用到了 TACCR0
111	复位/置位	当计数到 TACCRx 值时,CCRx 输出信号电平变为低电平。当计数到 TAC-CR0 值时,信号复位为低电平。此处用到了 TACCR0

对应表 4-2 的复杂表述,可用图 4-11 来形象描述。

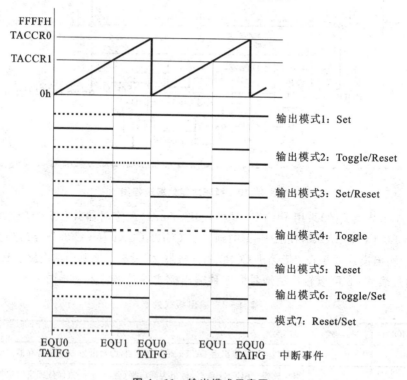

图 4-11　输出模式示意图

观察 TACCR0、TACCR1 值的大小,设置的是 TACCR0 大于 TACCR1(假如使用 TACCR2,则应该是大于 TACCR2),且又都小于(等于)FFFFH。根据图示的输出波形变换,读者大概了解 7 种不同工作模式的特性。为什么提供了这么多的信号输出模式? 作者认为应该是为了提供更全面的 PWM 控制方式。

4.4 Timer_A 应用模式说明

在讲解了 Timer_A 定时器的基本功能和应用功能之后,借助于 TI 官方提供的大量应用示例代码来熟悉如何熟练应用寄存器配置和功能设置。首先,基本了解一下 Timer_A 对应的寄存器情况,可从电路原理图中看出:

TASSELx	配置时钟源,包括 TACLK、ACLK、SMCLK、INCLK 四个时钟源。
IDx	配置时钟源的分频倍数。
MCx	配置定时器的工作模式,包括 Stop、Up、Continuous、Up/Down 模式。
TACLR	对 TAR 清零。
TAIE	TAR 中断使能。
TAIFG	TAR 中断标志位。
TARx	定时器计数值寄存器,里面存放的是计数值。
TACCRx	定时器的预设值,用于与 TARx 的值比对等。
CMx	设定捕获模式,包括禁止捕获、上升沿捕获、下降沿捕获、上升沿和下降沿捕获。
CCISx	设定捕获信号的来源,包括 CCIxA、CCIxB、GND、V_{cc}。
SCS	设定是否将信号源与时钟源进行同步。
SCCI	同步捕捉/比较输入所选择的 CCI 输入信号由 EQUx 信号锁存,并可通过该位读取。
CAP	设定是捕获模式还是比较模式。
OUTMODx	设定输出模式,包括 8 种模式。
CCIE	捕获/比较中断使能。
CCI	可从该寄存器读取信号源电平。
OUT	输出寄存器。在第一种输出模式下(0),该寄存器直接控制了输出。
COV	捕获溢出标志,需要通过软件复位。
CCIFG	捕获/比较中断标志位。

读者可阅读数据手册来深入了解寄存器功能,下面结合示例代码讲解通过配置(和控制)寄存器来实现所需要的定时器应用功能。

示例一:msp430g2xx3_ta_01.c

要求:通过定时器 Timer_A 实现在 P1.0 口输出一个方波,方波周期为 50 000×

2×SMCLK。

思路：选择 SMCLK 作为定时器时钟源，当时钟源信号计数达到 50 000 时，翻转 P1.0 的输出电平即可。可选择 Up、Continuous、Up/Down 模式的任何一种来实现。

源代码如下：

```
void main(void)
{
    WDTCTL = WDTPW + WDTHOLD;      // 关闭看门狗
    P1DIR |= 0x01;                 //配置 P1.0 为输出口
    CCTL0 = CCIE;                  // 打开了 TACCR0 的中断(CCIFG)
    CCR0 = 50000;                  //设置 TACCR0 值为 50 000,注意:数据手册
                                   //中描述为 TACCRx,而代码中是 CCRx
    TACTL = TASSEL_2 + MC_2;       // 选择定时器时钟源(SMCLK),Continuous 模式
                                   //此时,定时器开始工作
                                   // CAP 寄存器默认为 0,即比较模式
    _BIS_SR(LPM0_bits + GIE);      // 进入 LPM0 低功耗,使能中断
}


// 当 TRCCR0 中断触发时,进入该处理程序,在程序里翻转 P1.0 输出,
// 对 CCR0 做加 50 000 操作
#pragma vector = TIMER0_A0_VECTOR
__interrupt void Timer_A (void)
{
    P1OUT ^= 0x01;                 // 翻转 P1.0
    CCR0 += 50000;
}
```

说明：以上程序使用了 Continuous 模式，在该模式下配置了 CCR0 值并打开了对应的中断。根据 Continuous 模式的描述，在计数过程中，如果 TAR 值与 CCRx 值相等，则会置位 CCIFG 标志。数据手册里提到了，这样的设计方案可以这么使用，就是在进入 CCIFG 对应的中断后，对 CCRx 值再偏移（比如加法偏移），可以为下次 TAR 等于 CCRx 并触发中断做准备，而这样做并没有影响 TAR 实时累加值。

示例二：msp430g2xx3_ta_02.c

与示例一一样的要求，在第二个示例中采用相对简单的设计方案。

源代码如下：

```
void main(void)
{
    WDTCTL = WDTPW + WDTHOLD;      // 关闭看门狗
    P1DIR |= 0x01;                 // P1.0 输出
```

```
    CCTL0 = CCIE;                    // 使能 CCR0 的中断
    CCR0 = 50000;
    TACTL = TASSEL_2 + MC_1;         //选择 SMCLK 作为时钟源,使用 Up 模式
                                     //定时器开始工作
                                     //CAP 默认值为 0,即比较模式
    _BIS_SR(LPM0_bits + GIE);        // 进入 LPM0 低功耗,使能中断
}


//没有打开 TAR 的中断,打开了 CCR0 的中断,参考 Up 工作模式可知,当 TAR 计数值等于
//CCR0 值时,触发中断
//在中断处理中对 P1.0 端口输出进行翻转
#pragma vector = TIMER0_A0_VECTOR
__interrupt void Timer_A (void)
{
    P1OUT ^= 0x01;                   // 翻转 P1.0
}
```

说明:比较示例一与示例二的程序设计思路,前者比后者稍微复杂,有点儿绕人。所以,不论什么方案,只要可以满足要求且简单易懂,就是最好的方案。上述两个示例相比,可能大多数读者偏向于示例二。示例一的侧重点是介绍这样一种设计功能:假如对示例一进行改进,需要同时控制 3 个不同的端口输出翻转,且翻转周期不一致,这时就可以充分发挥示例一的设计方案优势了。

示例三:msp430g2xx3_ta_03.c

在上面两个示例的基础上,演示 Continuous 模式的中断触发处理方式。

源代码如下:

```
void main(void)
{
    WDTCTL = WDTPW + WDTHOLD;        // 关闭看门狗
    P1DIR |= 0x01;                   // P1.0 输出
    TACTL = TASSEL_2 + MC_2 + TAIE;  // 设置 SMCLK 为时钟源、Continuous 模式
                                     //打开 TAR 计数的溢出中断
                                     //CAP 默认为 0,比较模式
    _BIS_SR(LPM0_bits + GIE);        // 进入 LPM0 低功耗,使能中断
}
//此处要注意,参考对 TIMER0_A1_VECTOR 向量表的定义,可知 CCR0 的中断向量表是
//TIMER0_A0_VECTOR,而 CCR1、CCR2、TAR 的中断共用向量表是 TIMER0_A1_VECTOR,
//因此,需要在进入中断后判断是否是 TAR 的中断标志置
#pragma vector = TIMER0_A1_VECTOR
__interrupt void Timer_A(void)
{
```

```
    switch( TA0IV )
    {

        case  2: break;
        case  4: break;
        case 10: P1OUT ^= 0x01;
        break;

    }

}
```

说明：示例三演示了 Continuous 模式的基本应用。与示例一相比，代码简单很多，但功能也简单了。

示例四：msp430g2xx3_ta_06.c

该示例与示例一机制一样，不同之处是使用 CCR1，而非 CCR0。由于 CCR1、CCR2、TAR 共用同一个中断向量表，因此，在中断处理过程中需要进行标志判断。

源代码如下：

```
void main(void)
{
    WDTCTL = WDTPW + WDTHOLD;          // 关闭看门狗
    P1DIR |= 0x01;                     // P1.0 输出
    CCTL1 = CCIE;                      // 使能 CCR1 中断
    CCR1 = 50000;
    TACTL = TASSEL_2 + MC_2;           // SMCLK,Continuous 模式

    _BIS_SR(LPM0_bits + GIE);          // 进入 LPM0,使能中断
}
// 注意中断处理程序与示例一的不同
#pragma vector = TIMER0_A1_VECTOR
__interrupt void Timer_A(void)
{
    switch( TA0IV )
    {
    case  2:                           // CCR1
        {
        P1OUT ^= 0x01;                 // 翻转 P1.0
        CCR1 += 50000;
        }
    break;
    case  4: break;
    case 10: break;
    }

}
```

示例五:msp430g2xx3_ta_07.c

要求:能够同时控制三路输出波形,每路波形的周期不同。

方案1:参考示例一,采用 Continuous 模式,并在该模式中配置 CCR0、CCR1 值(或者加上 CCR2),与 TAR 中断一起,可构成最多四路的方波输出,且周期不同。

方案2:采用输出模式设置,即控制 OUTx 输出端口,由比较输出模块自动对OUTx 端口进行翻转。

源代码如下:

```
void main(void)
{
    WDTCTL = WDTPW + WDTHOLD;        // 关闭看门狗
    P1SEL |= 0x06;                   // 选择 P1.1、P1.2 的外设功能(TA0.0,TA0.1)
                                     //对应的是 OUT0 和 OUT1 输出寄存器
    P1DIR |= 0x07;                   // 配置 P1.0~P1.2 为输出端口
    CCTL0 = OUTMOD_4 + CCIE;         // CCR0 配置成输出模式 4,开启中断
    CCTL1 = OUTMOD_4 + CCIE;         // CCR1 配置成输出模式 4,开启中断
    TACTL = TASSEL_2 +  MC_2 + TAIE;
                                     // 定时器选择 SMCLK 时钟源,Continuous 模
                                     //式,开启 TAR 中断
/* 上述配置后,TAR 将在 Continuous 模式下工作计数(计数到 0xFFFF),在设计中,CCR0 应用
   功能根据 CAP 的默认配置(为 0,比较功能),并执行输出模式 4 工作方式。即,当 TAR 计
   数到 CCR0 设定值时,根据输出模式 4 来控制输出。CCR1 也是一样配置。
   由于主程序中并没有配置 CCR0 和 CCR1 的初始值,预计应在计数开始即触发对应的
   CCIFG 中断标志,应当在中断程序中设定 CCR0 和 CCR1 新值
*/
    _BIS_SR(LPM0_bits + GIE);        // 进入 LPM0 低功耗,使能中断
}
//在 CCR0 中断中,填写新的 CCR0 值,并且 CCR0 应用模块会自动根据输出模式 4 的要求对
//输出引脚 TA0.0(P1.1)进行控制
#pragma vector = TIMER0_A0_VECTOR
__interrupt void Timer_A0 (void)
{
    CCR0 += 200;                     // 配置 CCR0
}
//由于 CCR1、CCR2、TAR 中断共用一个向量表,因此在该中断中处理中断标志的判断
#pragma vector = TIMER0_A1_VECTOR
__interrupt void Timer_A1(void)
{
    switch( TA0IV )
    {
    case  2: CCR1 += 1000;           //配置 CCR1
```

```
        break;
        case 10: P1OUT ^= 0x01;          // 手动翻转 P1.0 引脚输出
        break;
        }
    }
```

总结：上述设计中，P1.1、P1.2 是通过寄存器配置的，在定时器模块中自动输出设定信号，P1.0 是在中断中手动翻转输出信号。这只是一个设计思路，并不一定是最优的设计方案。

示例六：msp430_g2xx3_ta_16.c

8 种输出模式主要应用在对 PWM 信号的输出控制上，PWM 信号在早期的 51 单片机上只能使用定时器机制软件控制占空比，效率低且不可靠。后来因为电机控制的需要，越来越多的单片机开始关注 PWM 波形发生器的设计，提供了硬件机制的占空比控制方式。MSP430 为了抢占市场，也在这方面下足了功夫，提供多种 PWM 波形控制方式。

方案：通过设定 Timer_A 的适当工作模式来产生 PWM 波形。

源代码如下：

```
void main(void)
{
    WDTCTL = WDTPW + WDTHOLD;        //关闭 WDT
    P1DIR |= 0x0C;
                                     // P1.2 和 P1.3 为输出模式,实际上 P1.3 没有用到
    P1SEL |= 0x0C;                   // P1.2 和 P1.3 TA1/2 options
    CCR0 = 514 - 1;                  // PWM 周期设置
    CCTL1 = OUTMOD_7;                // CCR1 reset/set 模式
    CCR1 = 384;                      // CCR1 PWM 占空比设置
    TACTL = TASSEL_1 + MC_1;         // ACLK, Up 模式

    _BIS_SR(LPM3_bits);              // 进入 LPM3 模式
}
```

说明：在了解 8 种输出模式的基础上理解上述代码是比较容易的。要注意的一点是，在 8 种输出模式中，3、4、6、7 模式占用了 TACCR0 模块，即在这四种模块中 CCR0 被占用，具体见表 4 - 2 所述。

示例七：msp430_g2xx3_ta_14.c

该示例代码与示例六类似，不再详细描述。

```
void main(void)
{
```

```
WDTCTL = WDTPW + WDTHOLD;          // 关闭看门狗
P1DIR |= 0x02;                     // P1.1 输出模式
P1SEL |= 0x02;
CCTL0 = OUTMOD_4;                  // CCR0 翻转模式
CCR0 = 5;
TACTL = TASSEL_1 + MC_3;           // ACLK, Up/Down 模式

_BIS_SR(LPM3_bits);                // 进入 LPM3 模式
}
```

4.5　Timer_A 的功能和应用总结

在参考了相关书籍后,结合示例代码演示,可对 Timer_A 做一些学习和应用上的总结。图 4-12[9]形象地描述了 Timer_A 定时器的功能分配,读者可依据该图来掌握 Timer_A 的功能分配,如同本章前面所述,Timer_A 包括 16 位定时器模块和 3 个 CCRx 模块,每个 CCRx 模块可实现捕获/比较功能,但这些功能都要基于 16 位定时器模块。

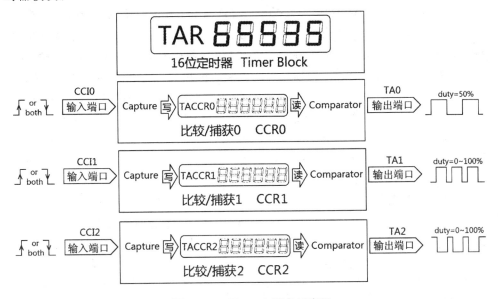

图 4-12　Timer_A 形象示意图

有些参考书将 16 位定时器模块表示为主定时器,主要是想突出其在 Timer_A 中的核心地位,本书不采用这样的表述方式。TAR(即 16 位定时器)包括 4 种工作模式,就是计数的不同方式,而 CCRx 的应用功能是要基于这 4 种工作方式展开(实际是 3 种,第一种为停止工作)。由于捕获功能较为简单,作者认为定时器主要是用来控制输出 PWN 波形的,比较功能的 8 种输出模式与 3 种工作模式可产生 24 种组

合,目标是产生实际可用的 4 种有效 PWM 波形,包括单稳态波形、普通 PWM 波形(0～100％可调)、带死区双路对称的 PWM 以及三路 PWM 输出(50％占空比,相位可调)。

模式 1 和模式 5 可用于生成单稳态脉冲波形,脉宽由 TACCRx 决定。

模式 3 和模式 7 可用于生成 PWM 信号,定时器设置为 Up 模式,PWM 的频率由 CCR0 控制,占空比由 TACCRx 和 TACCR0 的比值决定。

模式 2 和模式 6 可用于生成带死区时间控制的互补 PWM。将定时器设置为 Up/Down 模式,TACCR0 决定了 PWM 频率,TACCR1 和 TACCR2 分别设置为模式 6 和模式 2,且保证 $TACCR1 - TACCR2 > T_{DEAD}$。两个 PWM 波形的占空比由 TACCR1、TACCR2 与 TACCR0 的比值决定。

模式 4 可用于生成最多 3 路带移相功能的 PWM 波形,但占空比固定为 50％。

本章小结

(1) MSP430 的定时器功能较为复杂,读者可参考 STM32 的定时器功能,其数据手册的表述更加清晰。

(2) PWM(Pulse Width Modulation),就是调整方波的高低电平的时间大小,占空比变化。PWM 既可以认为是简单的控制技术,在 MSP430 中可通过定时器实现,也可以看成是非常复杂的应用技术,通常是电机控制中的关键技术。基于面积等效原理,PWM 可实现对电机转速控制,由于控制过程中存在一系列的细节设计(如死区、实时性等)等,使得 PWM 技术变得复杂起来,需要采用专用的硬件机制来控制。

(3) MSP430 定时器所演示的示例都使用了低功耗工作模式,读者可在 TI 官网查找 ULP Advisor 工具(http://www.ti.com.cn/tool/cn/ulpadvisor? keyMatch=ulpadvisor&tisearch=Search-CN)。根据该工具的描述,"ULP(超低功耗)Advisor 是一款全新的工具,用于指导开发人员编写有效的代码以充分利用 MSP430 微控制器的独特超低功耗特性。ULP Advisor 的目标人群是微控制器开发老手和新手,它可以根据详尽的 ULP 核对表检查用户的代码以使应用程序实现最为极致的超低功耗。"一些书籍中详细描述了该工具使用过程中低功耗的规则,本处摘录一些:

规则 1:确保使用低功耗模式。

规则 2:利用定时器模块完成延时操作。

规则 3:尽量使用中断而非循环检查标志位。

规则 4:禁用未使用的通用 I/O 口。

规则 5:避免计算密集型操作,如模操作、除操作、浮点数操作、打印操作。

规则 6:避免在没有片上硬件乘法器器件上做乘法操作。

规则 7:尽量使用局部变量而非全局变量。

规则 8:使用 static 或者 const 修饰局部变量。

规则 9：大型变量使用引用的方法传递。

规则 10：最小化中断服务函数内部的函数调用。

规则 11：在循环控制的代码中和 I/O 端口的位操作中尽量使用低位比特。

规则 12：使用 DMA 代替大规模调用 memcpy()函数。

规则 13：在循环中使用减法计数。

规则 14：使用无符号数作为标号。

规则 15：使用位屏蔽域操作代替位域操作。

第 5 章

MSP430 之 A/D 功能

A/D 转换模块目前已经是普通单片机的标准配置功能模块了，即使是 51 系列的单片机，在 STC 产品中也增加了对 A/D 功能的支持。在单片机中，A/D 模块通常采用 10 位或者 12 位转换器，可支持多通道切换，以及 DMA 形式的数据传输。

将 A/D 转换功能集成到单片机内部可以优化系统设计，降低电路成本，提高系统稳定性等。对精度和速度要求不是非常苛刻的设计中，利用单片机自带 A/D 完成模/数转换设计是一个很不错的选择。

本章内容先讲解 A/D 的基本转换概念，可以帮助读者了解 A/D 的基本知识背景；然后讲解 MSP430 的 A/D 电路设计原理、寄存器应用和典型的使用模式。

5.1 A/D 的基本知识

A/D 转换就是模/数转换，顾名思义，就是把模拟信号转换成数字信号。

5.1.1 ADC 原理

A/D 转换器是用来通过一定的电路将模拟量转换为数字量。

模拟量可以是电压、电流等电信号，也可以是压力、温度、湿度、位移、声音等非电信号。但在 A/D 转换前，输入到 A/D 转换器的输入信号必须经各种传感器把各种物理量转换成电压信号或电流信号。

A/D 转换后，输出的数字信号可以有 8 位、10 位、12 位和 16 位或者更高位数。

A/D 转换器的工作原理，主要介绍以下三种方法：逐次逼近法（SAR）、双积分法及电压频率转换法。

1. 逐次逼近法

逐次逼近型 A/D 是比较常见的一种 A/D 转换电路，转换的时间为微秒级。

逐次逼近型 ADC 由比较器、DAC、缓冲寄存器及控制逻辑电路组成，如图 5-1 所示。

基本原理：从高位到低位逐位试探比较。

逐次逼近法 A/D 转换的过程：初始化时将逐次逼近寄存器各位清零；转换开始时，先将逐次逼近寄存器最高位置 1，送入 DAC，经 D/A 转换后生成的模拟量送入比

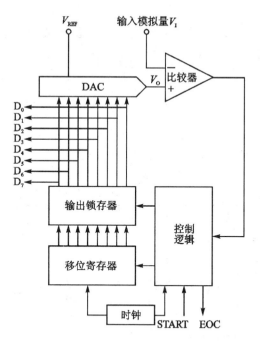

图 5 - 1　逐次逼近型 A/D 转换电路

较器,称为 V_O,与送入比较器的待转换的模拟量 V_I 进行比较,若 $V_O < V_I$,该位 1 被保留,否则被清除。然后再置逐次逼近寄存器次高位为 1,将寄存器中新的数字量送DAC,输出的 V_O 再与 V_I 比较,若 $V_O < V_I$,该位 1 被保留,否则被清除。重复此过程,直至逼近寄存器最低位。转换结束后,将逐次逼近寄存器中的数字量送入缓冲寄存器,得到数字量的输出。逐次逼近法的操作过程是在一个控制电路的控制下进行的。

2. 双积分法

采用双积分法的 ADC 由电子开关、积分器、比较器和控制逻辑等部件组成,如图 5 - 2 所示。

基本原理:将输入电压变换成与其平均值成正比的时间间隔,再把此时间间隔转换成数字量,属于间接转换。

双积分法 A/D 转换的过程:先将开关接通待转换的模拟量 V_I,V_I 采样输入到积分器,积分器从零开始进行固定时间 T 的正向积分,时间 T 到后,开关再接通与 V_I 极性相反的基准电压 V_{REF},将 V_{REF} 输入到积分器,进行反向积分,直到输出为 0 V 时停止积分。V_I 越大,积分器输出电压 V_O 越大,反向积分时间也越长。计数器在反向积分时间内所计的数值,就是输入模拟电压 V_I 所对应的数字量,实现了 A/D 转换。

3. 电压频率转换法

采用电压频率转换法的 ADC,由计数器、控制门及一个具有恒定时间的时钟门

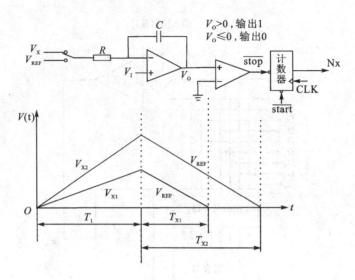

图 5-2　双积分式 A/D 转换原理图

控制信号组成,如图 5-3 所示。

工作原理:V/F 转换电路,把输入的模拟电压转换成与模拟电压成正比的脉冲信号。

电压频率转换法 A/D 转换的过程:当模拟电压 V_I 加到 V/F 的输入端时,便产生频率 F 与 V_I 成正比的脉冲,在一定的时间内对该脉冲信号计数,统计到计数器的计数值正比于输入电压 V_I,从而完成 A/D 转换。

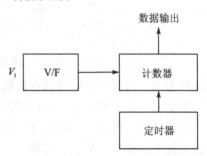

图 5-3　电压频率式 A/D 转换原理图

5.1.2　ADC 性能指标

ADC 主要性能指标如下:

(1) 分辨率(Resolution),指数字量变化一个最小量时模拟信号的变化量,定义为满刻度与 2^n 的比值。分辨率又称精度,通常以数字信号的位数来表示,一般有 8 位、10 位、12 位、16 位以及更高的位数。转换位数越高,转化精度越高,通常 10 位或者 12 位精度可以满足基本的转换需求了。

(2) 转换速率(Conversion Rate),是指完成一次从模拟到数字的转换所需时间的倒数。积分型 A/D 转换的转换时间是毫秒级,属低速 A/D 转换;逐次比较型 A/D 转换是微秒级,属中速 A/D 转换;全并行/串并行型 A/D 转换可达到纳秒级。采样时间则是另外一个概念,是指两次转换的间隔。为了保证转换的正确完成,采样速率(Sample Rate)必须小于或等于转换速率。因此习惯上将转换速率在数值上等同于采样速率也是可以接受的。常用单位是 ksps 和 Msps,表示每秒采样千/百万次(Ki-

lo/Million Samples Per Second)。

（3）量化误差（Quantizing Error），由于 A/D 转换的有限分辨率而引起的误差，即有限分辨率 A/D 转换的阶梯状转移特性曲线与无限分辨率 A/D 转换（理想 A/D 转换）的转移特性曲线（直线）之间的最大偏差。通常是 1 个或半个最小数字量的模拟变化量，表示为 1 LSB、1/2 LSB。

（4）偏移误差（Offset Error），输入信号为零时输出信号不为零的值，可外接电位器调至最小。

（5）满刻度误差（Full Scale Error），满刻度输出时对应的输入信号与理想输入信号值之差。

（6）线性度（Linearity），实际转换器的转移函数与理想直线的最大偏移，不包括以上 3 种误差。

A/D 转换的其他指标还有绝对精度（Absolute Accuracy）、相对精度（Relative Accuracy）、微分非线性、单调性和无错码、总谐波失真 THD（Total Harmonic Distortion）和积分非线性等。

对于 ADC，选取的标准主要决定于采样频率和位数，以及价格、供货周期、应用情况等其他因素。

5.2　A/D 模块电路分析

图 5-4 是 MSP430ADC10 的电路原理图。

在讲解图 5-4 之前，先依据数据手册说明 ADC10 的基本功能，如下描述：

ADC10 是 MSP430 单片机的片上模/数转换器，根据其命名可知转换位数为 10 位。该模块内部是一个 SAR 型（逐次逼近型）A/D 内核，可以在片内产生参考电压，并且具有数据传输控制器。数据传输控制器能够在 CPU 不参与的情况下，完成 A/D 数据向内存任意位置的传输。ADC10 特性如下：

- 最大转换速率大于 200 kHz；
- 转换精度为 10 位；
- 采样保持器的采样周期可编程设置；
- 利用软件或者 Timer_A 设置转换初始化；
- 编程选择片上电压参考源（2.5 V 或者 1.5 V）；
- 编程选择内部或者外部电压参考源；
- 8 个外部输入通道（在 MSP430x22xx 上有 12 个）；
- 具备对内部温度传感器、供电电压 V_{CC} 和外部参考源的转换通道；
- 转换时钟源可选择；
- 多种采样模式：单通道单次、单通道多次、多通道单次和多通道多次；
- ADC 的内核和参考源可分别单独关闭；

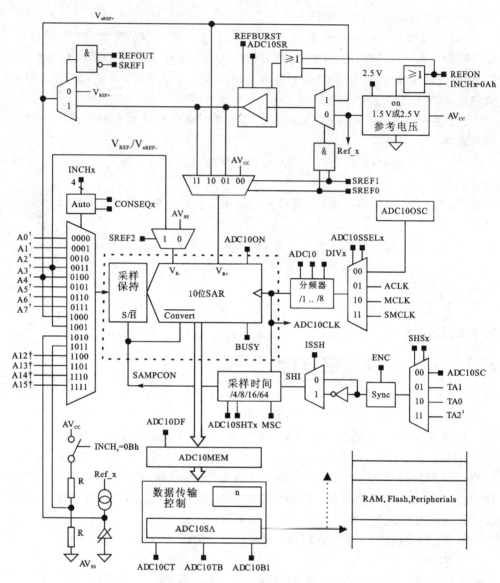

† 表示通道A12~A15仅在MSP430F22xx系列单片机才有,其他系列单片机上A12~A15通道与A11关联。
‡ 表示TA1仅在MSP430G2x31、MSP430G2x30、MSP430F20x2有。

图 5－4　ADC10 的电路原理图

● 用于自动控制数据传输的数据传输控制器。

上述描述的核心包括 10 位精度、200 kHz 转换速率、8 路输入通道(切记,不是8 路同时转换)、多种转换形式,其他功能属于"锦上添花"的附属功能。

图 5－4 是 ADC10 的电路原理图,作者从中截取核心电路(转换电路)进行分析,然后逐步展开描述。图中虚线框部分是核心电路,即围绕 10 位 SAR 的 ADC 模块展开的部分。图中虚线框部分包括采样/保持模块和 10 位 SAR 模块,围绕虚线框展

开的电路包括了左边的输入通道选择器、上面的参考电源选择电路、右边和下面的转换时钟输入电路。转换数据将通过并行数据通道送入缓冲区。

从输入通道开始,图 5 - 4 中可见采样/保持模块的前端是输入选择器,涵盖了 8路外部输入通道和 4 路内部输入通道(V_{CC}、温度传感器、V_{REF+}、V_{REF-}),无论如何选择,同一个时刻只能有一路进入采样/保持模块,由 INCHx 进行通道选择,CONSEQ配置通道转换模式(单通道单次、单通道循环、多通道单次、多通道循环)。

ADC10 模块的 A/D 转换时钟源选择较多,图 5 - 5 显示了 ADC10 的转换时钟电路,重点在图中虚线框部分,该部分是时钟源电路。

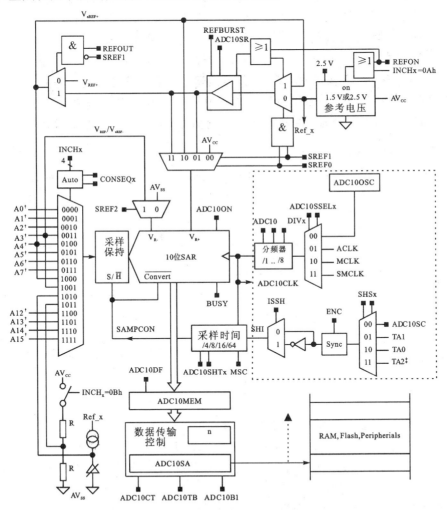

† 表示通道A12～A15仅在MSP430F22xx系列单片机才有,其他系列单片机上A12～A15通道与A11关联。

‡ 表示TA1仅在MSP430G2x31、MSP430G2x30、MSP430F20x2有。

图 5 - 5　ADC10 模块的时钟源电路

在任何一个与 ADC 模块（芯片）相关的数据手册中都会提到采样与保持概念，一个完整的转换时间包括采样时间和转换时间。本章前面所说的 ADC10 最高转换速率为 200 kHz，即转换周期最快是 5 μs，涵盖了采样时间和转换时间。参考数据手册中采样时序图（见图 5-6）描述了一个转换周期需要大概 4 个采样时钟和 13 个转换时钟（时钟为 ADC10CLK）。按照最快 5 μs 转换一次计算，最少需要 17 个 ADC10CLK 时钟，约为 0.3 μs 时钟周期，即 3 MHz 的 ADC10CLK 频率，再高的频率将要迫使选择更多的采样时钟（4 倍、8 倍、16 倍、64 倍等）。

仔细观察图 5-5 可知，采样/保持（S/H̄）与转换控制（CONVERT）由 SAMP-CON 控制。结合图 5-6 描述可以看出，当 SAMPCON 信号为高时，启动采样动作，直到 SAMPCON 信号为低，结束采样动作，开始转换动作。SAMPCON 高电平中包含前部分的同步时间和采样时间，其中采样时间是 ADC10CLK 周期的 4 倍、8 倍、16 倍或者 64 倍长度。沿着 SAMPCON 信号后退可以看到该信号最终是由 ADC10SC 或者 TA0、TA1 等产生。由于该信号的时钟与 ADC10CLK 的时钟源不是同一个，所以在控制采样和转换时需要进行适当的同步。该同步操作放在 SAMPCON 信号高电平时进行。

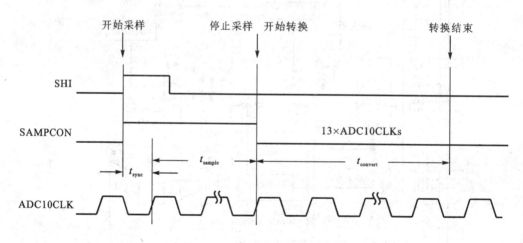

图 5-6 ADC10 的转换时序图

上面概要描述了 ADC 的时钟源，在实际配置中还需要仔细设计。总结 ADC10 的时钟源特性如下：ADC10 的转换时钟源 ADC10CLK 可通过 ADC10SSEL 选择 MCLK、SMCLK、ACLK 之一，在 ADC10CLK 的基础上，可选择各种形式的采样/保持、转换启动时钟（ADC10SC、TA0、TA1 等）。整个 ADC10 的转换（包括采样、转换）速度由 SAMPCON 和 ADC10CLK 控制，图 5-7 描述了这两个信号控制转速的例子。图中上面的时序描述了"连续不停"的转换过程，即在一个转换结束后又开始下一个采样；下面的时序描述了"非连续"的转换过程，即在一个转换结束后"等会儿"再开始下一个采样。通过该图可大概了解到转换速度在低速的时候，主要由 SAMP-

CON 控制,比如每秒一次转换;在高速转换工作中,转换速度更多取决于
ADC10CLK 的频率。

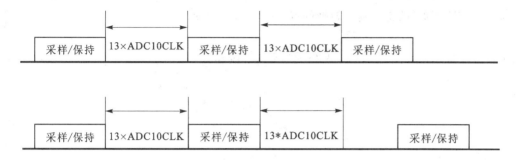

图 5-7　两种转换速度的比较

　　要深入理解 ADC 的转换时钟(速度),需要对数字信号处理有一些基本的学习,
有兴趣的读者可以看看采样定理等知识。下面讲解 ADC10 转换模块中的参考电压
源。A/D 或者 D/A 转换需要一个参考电压源作为转换基准电源,单片机集成的
ADC 一般可使用外接的电源或者内部的电源作为基准,MSP430 也是如此。在
图 5-4 中的虚线框中,读者请关注 V_{R-} 和 V_{R+},这两个是 A/D 转换的基准电源。沿
着这两个基准电源,可以看出,基准电源电路较为复杂,对电路进行简单梳理如下:

　　(1) 基准电源包括 V_{R-} 和 V_{R+},分别接入基准电源的负极和正极。需要特别说
明的是,大多数单片机集成的 ADC 模块并不支持基准的负电压,所以基准电源的负
极通常是接地的。

　　(2) V_{R-} 源可选择内部的 AV_{SS} 或者外部的接入 V_{REF-}/V_{eREF-}(A3),由 SREF2
寄存器位控制。AV_{SS} 就是 MSP430 单片机外接的模拟电源的地端,而 V_{REF-}/V_{eREF-}
与 A3(模拟输入通道)共用同一个引脚,当选择使用 V_{REF-}/V_{eREF-} 时,A3 模拟通道就
不再启用了。

　　(3) V_{R+} 源可选择内部的 AV_{CC} 或者外部的 V_{eREF+},或者内部的 V_{REF+},由 SREF1
和 SREF0 寄存器选择。AV_{CC} 是 MSP430 外接的模拟电源,V_{eREF+} 也是外接的基准
电源,与 A4(模拟输入通道)共用一个引脚,当选择使用 V_{eREF+} 时,A4 模拟通道就不
再启用了。V_{REF+} 是内部基准电压,来源于对 AV_{CC} 的稳压(稳压成 1.5 V 或 2.5 V)。

　　(4) 当 V_{R+} 源选择内部基准电源时,可通过 REFOUT 寄存器配置将该基准电压
通过 A4 引脚输出。

　　以上简单描述了 ADC10 的基准电源配置,后面会通过代码设计详细描述具体
的设置方法。接下来讲解 ADC10 的工作模式,前文已说过有四种:单通道单次转
换、单通道多次转换、多通道单次转换、多通道多次转换。根据字面意思可以大概了
解工作形式,如单通道多次转换是指对一个通道的连续多次转换。

1. 单通道单次转换

单通道单次转换模式是对选择的某一个通道进行一次采样转换,转换的结果会写入 ADC10MEM 寄存器。转换的流程图如图 5-8 所示。

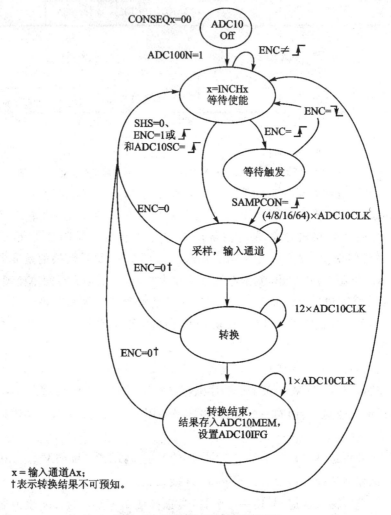

x＝输入通道Ax;
†表示转换结果不可知。

图 5-8 单通道单次转换流程图

配置及操作步骤如下:

(1) 选择转换通道。

(2) 配置为单次采样(转换)模式:配置 CONSEQx＝00(注意,MSP430 不能进行单独的位寄存器操作,因此实际代码不能按照 CONSEQx＝00 编写,详细内容见本书第 3 章关于位操作的说明)。

(3) 启动 ADC10 模块:配置 ADC10ON＝1。

（4）使能转换信号 ENC，ADC10 进入等待触发状态（一旦时钟源信号触发，即开始启动转换流程（涵盖采样、转换））。

（5）选择转换控制信号（时钟信号）源（ADC10SC 或者 Timer_A）。

本示例设计（对应示例代码 msp430g2x33_adc10_01.c）如下描述：

```
void main(void)
{
    WDTCTL = WDTPW + WDTHOLD;              //关闭开门狗
    ADC10CTL0 = ADC10SHT_2 + ADC10ON + ADC10IE;
                                  //启动 ADC10 模块，启动转换中断，配置采样时间
    ADC10CTL1 = INCH_1;                   // 选择通道 A1 作为输入通道
    ADC10AE0 |= 0x02;                     // 使能通道 A1
     ⋮

    for (;;)
    {
        ADC10CTL0 |= ENC + ADC10SC;
                          // 启动 ADC10 转换，将 ADC10SC 作为转换时钟源"接入"
        __bis_SR_register(CPUOFF + GIE);
    // LPM0, ADC10_ISR will force exit，这个很重要，MSP430 像"睡着一样"，
    //只有当 ADC10 转换一次结束后产生 A/D 中断，退出"睡眠"，继续下面程序执行
    if (ADC10MEM < 0x1FF)
        P1OUT &= ~0x01;                   //清除 P1.0 LED
    else
        P1OUT |= 0x01;                    // 点亮 P1.0 LED
    }
}
```

以上代码没有选择基准电压源，请读者阅读数据手册中的寄存器配置，没有明确配置的寄存器一般是使用了其默认值。

代码 msp430g2x33_adc_02.c 中，采用了内部的 1.5 V 基准电源，代码如下：

```
WDTCTL = WDTPW + WDTHOLD;              // Stop WDT
ADC10CTL0 = SREF_1 + ADC10SHT_2 + REFON + ADC10ON + ADC10IE;
//配置使用内部 1.5 V 基准电源、启动 ADC10、开启 ADC 中断、设置采样时间
__enable_interrupt();                 // 斜体部分代码是制作延时效果
TACCR0 = 30;                          // 给上面配置的内部基准电源设置时间
TACCTL0 |= CCIE;
TACTL = TASSEL_2 | MC_1;
LPM0;
TACCTL0 &= ~CCIE;
```

```
        __disable_interrupt();
        ADC10CTL1 = INCH_1;                    // 选择输入通道 A1
        ADC10AE0 |= 0x02;                      // PA.1 ADC 设置
        P1DIR |= 0x01;                         // 配置 P1.0 为输出

        for (;;)
        {
            ADC10CTL0 |= ENC + ADC10SC;        //启动采样和转换
            __bis_SR_register(CPUOFF + GIE);   // 进入 LPM0 低功耗模式,使能中断
            if (ADC10MEM < 0x88)               // ADC10MEM = A1 > 0.2V?
            ⋮
        }
    }
```

代码 msp430g2x33_adc_01.c~msp430g2x33_adc_10.c 都是基于单通道单次转换模式,读者应详细分析该系列示例代码的设计方式,也可在自己的学习和项目开发中借用。

2. 单通道多次转换

单通道多次转换是指启动转换后可以连续进行 A/D 转换,连续转换过程中可通过触发中断的形式"引导"程序定时读取转换值,或者通过 DMA 自动传送到指定的内存区域。基于单通道单次转换的模式,对连续转换应侧重于考虑如何"适时取走数据",不丢数据。图 5-9 所示为单通道多次转换模式流程图,配合该图讲解该模式的配置步骤。

① 选择输入通道;

② 选择单通道连续转换模式,即 CONSEQx=10;

③ 配置采样时间长度;

④ 启动 ADC10 模块;

⑤ 使能 ENC,使 ADC10 模块进入带触发模式;

⑥ 配置转换时钟源(ADC10SC 或者 Timer_A);

⑦ 当选择的时钟源指定的触发信号到达后,ADC10 进入转换工作(采样和转换)。

从程序角度看,应大概知道在设定的配置下每个 A/D 转换的时间长度,以便于在程序中控制读取转换数据的间隔。在 MSP430 中通常采用中断形式等待转换结束触发中断,在中断处理中读取数据。

参考 msp430g2x33_adc_11.c 示例代码的演示效果,其中,选择关键语句进行注释讲解。代码如下:

```
void main(void)
{
    WDTCTL = WDTPW + WDTHOLD;                  // 停止 WDT
```

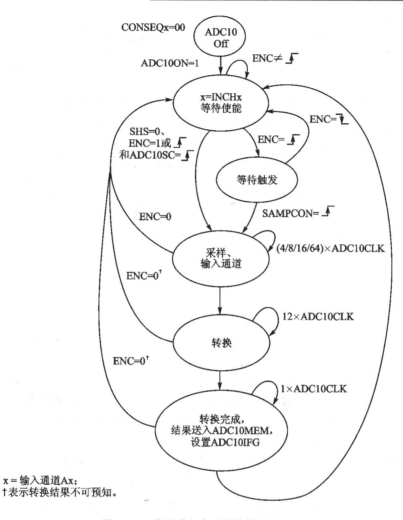

x = 输入通道 Ax;
†表示转换结果不可预知。

图 5 - 9　单通道多次连续转换流程图

```
ADC10CTL1 = SHS_1 + CONSEQ_2 + INCH_1;
                            // 使用 Timer_A 时钟源、单通道连续转换、通道 A1
ADC10CTL0 = SREF_1 + ADC10SHT_2 + REFON + ADC10ON + ADC10IE;//1.5 V 内部基//
准源、16 倍 ADC10CLK 的采样时间,使能 ADC10 模块,开启 A/D 转换中断
__enable_interrupt();                // 这个是延时程序
TACCR0 = 30;
TACCTL0 |= CCIE;
TACTL = TASSEL_2 + MC_1;
LPM0;
TACCTL0 &= ~CCIE;
__disable_interrupt();
ADC10CTL0 |= ENC;                    // 启动转换,进入连续转换
ADC10AE0 |= 0x02;                    // 选择输入通道
P1DIR |= 0x01;                       // 设置 P1.0 输出
```

```
    TACCR0 = 2048 - 1;                      // PWM 配置
    TACCTL1 = OUTMOD_3;                      // TACCR1 set/reset 模式
    TACCR1 = 2047;                           // TACCR1 PWM 占空比配置
    TACTL = TASSEL_1 + MC_1;                 // ACLK, Up 模式

    __bis_SR_register(LPM3_bits + GIE);      // 进入 LPM3 低功耗模式,使能中断
}
// ADC10 interrupt service routine
#pragma vector = ADC10_VECTOR
__interrupt void ADC10_ISR(void)  // 当转换一次结束后,会触发中断,在中断中读取数据
{
if (ADC10MEM < 0x155)                        // ADC10MEM = A1 > 0.5 V?
    P1OUT &= ~0x01;                          // 清除 P1.0 LED
else
    P1OUT |= 0x01;                           // 点亮 P1.0 LED
}

#pragma vector = TIMER0_A0_VECTOR
__interrupt void ta0_isr(void)
{
    TACTL = 0;
    LPM0_EXIT;                               // 退出 LPM0
}
```

单通道多次转换在高速转换的时候可通过 DTC 技术实现转换数据"转移"。根据作者对 DTC 的理解,其功能与通常所说的 DMA 类似,即直接内存访问。在连续转换过程中(包括单通道连续转换、多通道单次转换、多通道多次转换),适时取走数据,避免被覆盖是设计中应认真考虑的问题。MSP430 在 ADC10 模块中提供了 DTC 机制,在每次转换结束后,"自动"将转换结果转移到设定的内存区域,无需 CPU 干预操作(即无需代码操作),避免了程序设计中的可能"考虑不周"。使用 DTC 的基本流程如下。

(1) 在 ADC10 模块转换工作之前初始化 DTC 功能:

● 选择传输模式:ADC10TB。

● 设定传输次数:ADC10DTC1,如果为 0,表示传输结束。设定的值在工作过程中会逐次递减。

● 设置数据目标存放地址:ADC10SA。

(2) 在转换开始后,每当 ADC10MEM 的数据更新后(即转换出新结果),自动启动 DTC 功能,将数据转移到 ADC10SA 所指向的内存位置。每转移一次,ADC10DTC1 值减 1,ADC10SA 的内存指针加 2(两个字节)。当 ADC10DTC1 值为 0 时,DTC 传输结束,ADC10 中断触发(中断标志置位),程序可在中断处理中读取一批转换完的数据。

ADC10SA 单块数据传输模式,如图 5 - 10 所示。图 5 - 11 是上述 DTC 单块数

据传输模式的流程图,该工作模式定义为单块数据传输(参见数据手册中有关 ADC10TB 寄存器值的描述)。

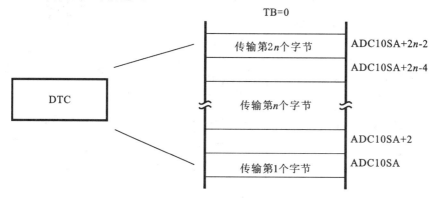

图 5 - 10　ADC10SA 的单块数据传输模式

代码 msp430g2x33_adc10_13.c 中描述了使用 DTC 单块数据模式的方法,如下:

```
ADC10CTL1 = INCH_1 + SHS_2 + CONSEQ_2;
                                        // 使用 A1 通道、TA0 时钟源、重复单通道转换
ADC10CTL0 = ADC10SHT_2 + MSC + ADC10ON + ADC10IE;
ADC10DTC1 = 0x20;               // 配置了 DTC 转移数据量:32 字节
P1DIR | = 0x01;                 // P1.0 输出
ADC10AE0 | = 0x02;              // P1.1 ADC10 配置
TACCR0 = 1024 - 1;              // PWM 设置
TACCTL0 = OUTMOD_4;             // TACCR0 设置
TACTL = TASSEL_1 + MC_1;        // ACLK, Up 模式

for ( ; ; )
{
    ADC10CTL0 & = ~ENC;             //关闭 ADC10 模块
    while (ADC10CTL1 & BUSY);       // 确保 ADC10 处于空闲状态
    ADC10SA = 0x200;

                                //设定 ADC10SA 的内存地址(也可以采用先定义数
                                //组,然后传递数据地址给 ADC10SA
    ADC10CTL0 | = ENC;
                                // 启动 ADC10 模块,并在时钟源控制下进行转换
    __bis_SR_register(LPM3_bits + GIE);
                                //系统进入"睡眠低功耗",转换自动进行,数据由
                                //DTC 转移到 ADC10SA 指定的地址,并计数和地址偏移
    P1OUT ^ = 0x01;             // 翻转 P1.0
}
```

上述代码可作为使用 DTC 单块模式的很好示例,代码中 ADC10SA = 0x200 作者认为不是很妥当,应当修改为如下代码:

```
char d[64];
ADC10SA = d;
```

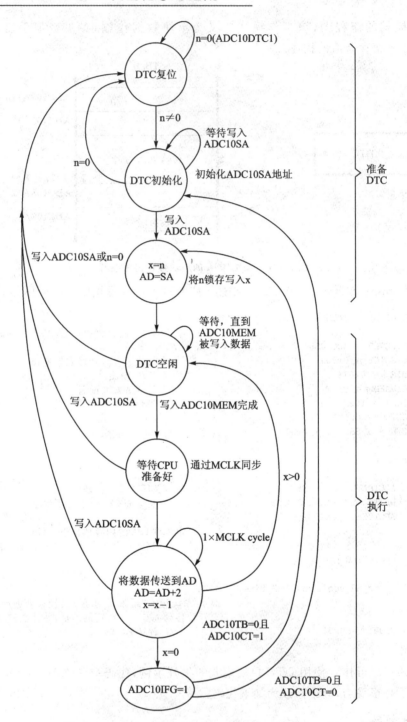

图 5 - 11 DTC 单块数据传输模式流程图

读者可以设想这样的场景:DTC 单块数据块传输模式可以较好地解决 ADC10

转换被覆盖的问题,在代码 msp430g2x33_adc10_13.c 中,如果添加 ADC 的中断处理代码,可以在处理代码中"及时"处理掉一批转换数据。进一步思考,假如转换速度较快,程序负载较重(处理的事情很多,不可能每次 ADC 中断都能很快响应处理完),就有可能在 ADC 中断(由 DTC 触发的)来了后,程序"慢了点"进入 ADC 中断处理程序,且中断处理程序中代码较多,希望一边读取这批数据,一边继续下一批数据的转换。以这个思路考虑的设计,假如采用单数据块传输模式,可能就不是很好了,但 MSP430 提供的 DTC 双数据块传输模式就可以较好地解决该设计问题。

在双数据块模式下,DTC 将开设两块数据区。ADC10 转换的数据被 DTC 逐个转移到第一个数据区,当第一个数据区满了以后,会触发 ADC 中断和一个数据区满的标志;同时,DTC 将继续转移 ADC 数据往第二个数据区,当第二个数据满了后,会触发 ADC 中断和一个数据区满的标志。如果能够在第一个数据区满时所触发的中断进入中断程序,并在第二个数据区满之前处理完数据和退出中断,当第二个数据区满时再次根据中断信号进入中断,处理第二个数据区数据,并在第一个数据区再次满之前退出中断,那么能够较好地利用两块数据缓冲区实现数据实时连续转换。

采用两块数据区(实际就是数据缓冲区)可以提高数据的处理效率,但也对代码设计提出了较高的要求。图 5-12 是 DTC 两块数据传输的 ADC10SA 示意图,图 5-13 是 DTC 两块数据传输的流程图。

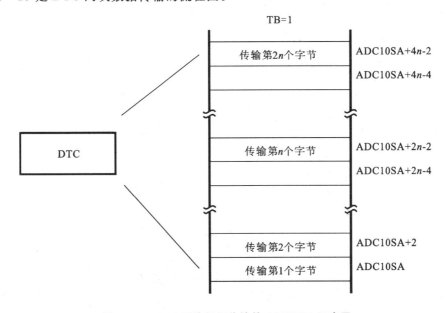

图 5-12　DTC 两块数据传输的 ADC10SA 示意图

图 5-12 中可以见到,两个数据块的大小一样,地址也是连续的。ADC10SA 定义了第一个数据块的起始地址,在连续地址上每次偏移 2 个字节,则第二块数据的最后地址是 ADC10SA + 4n - 2。当第一块数据传输完成后,ADC10 中断标志位

ADC10IFG 和 ADC10B1 寄存器置 1。当第二块传输也完成后,ADC10IFG 置 1,而 ADC10B1 清 0。所以总结是:两块数据满的时候都会触发 ADC10 的中断,而第一块数据区满会将 ADC10B1 置 1,第二块数据区满会将 ADC10B1 清 0。

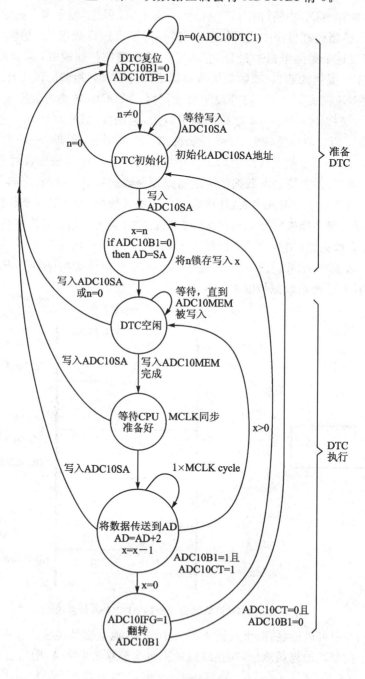

图 5-13 DTC 两块数据传输的流程图

3. 多通道单次转换

多通道单次转换模式是对预设的多个通道逐次进行转换,转换结果存放在 ADC10MEM 寄存器。转换顺序是从最高序列的通道逐次递减通道编号至最小编号通道,如需转换 A0、A1、A2、A3 通道,在转换时,先转换 A3,接着 A2,A1,最后 A0。读者应注意,在配置了多通道转换模式(如单次转换或者多次转换)时,只会指定最高通道的通道编号,不会指定每一个通道编号。同时也要关注在多通道转换过程中如何及时读取通道转换值,因为每个通道的转换结果都放在 ADC10MEM 寄存器中。图 5-14 是多通道单次转换的流程。

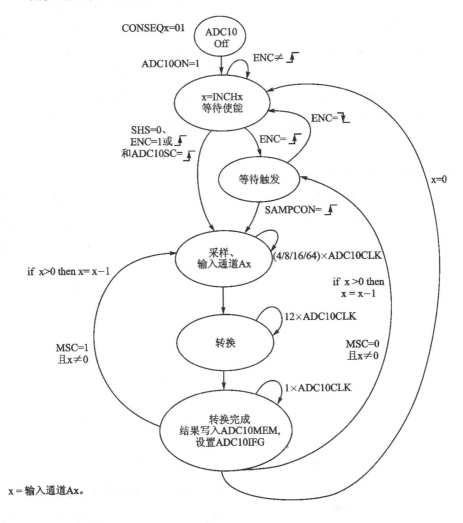

图 5-14　多通道单次转换流程图

多通道单次转换流程描述如下：

① 配置 CONSEQx 为多通道单次转换模式。

② 设置转换通道。

③ 启动 ADC10 模块。

④ 使能 ENC 信号，使 ADC10 模块进入待触发状态。

⑤ 配置时钟源（ADC10SC 或者 Timer_A），一旦时钟信号接入，ADC10 进入转换（采样和转换）工作状态，开始对选定的通道组中编号最大的通道进行转化。

⑥ 第一个通道转换结束后，数据放入 ADC10MEM 寄存器；如果 MSC 寄存器置位（可软件设置），则立刻进行第二个通道的转换；如果 MSC 清零，则需等待时钟源的信号触发（MSC 的影响，区别不是很明显）。读者应关注在下次转换结束前，取走前一次数据，否则会出现前一通道转换结果被覆盖的现象。

⑦ 完成所有设定的通道转换后，结束转换流程。

以上描述了转换的设计步骤，与单通道多次转换过程相似，官方没有提供多通道单次转换的示例，但可以通过适当修改 msp430_2x33_adc10_13.c 代码得到，读者可以自行完成。

4. 多通道多次转换

在多通道单次转换的基础上，结合单通道多次转换模式，可以初步构思出多通道多次转换的流程。在该模式下，ADC10 对通道序列完成连续多次采样转换操作，图 5 - 15 是其转换示意图，首先从最高通道编号转换，逐次到 A0 通道，然后重复这个转换序列过程。图 5 - 16 是多通道多次转换流程图。

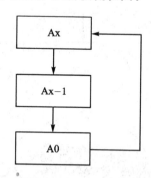

图 5 - 15　多通道多次转换的示意图

结合 DTC 的数据转移模式可知，在多通道单次和多通道多次转换模式下，应尽量采用 DTC 数据转移模式来实现对转换数据的读取。

msp430_2x33_adc10_14.c 给出了一个连续读取 A1、A0 两个通道的 DTC 单数据块模式，如下描述：

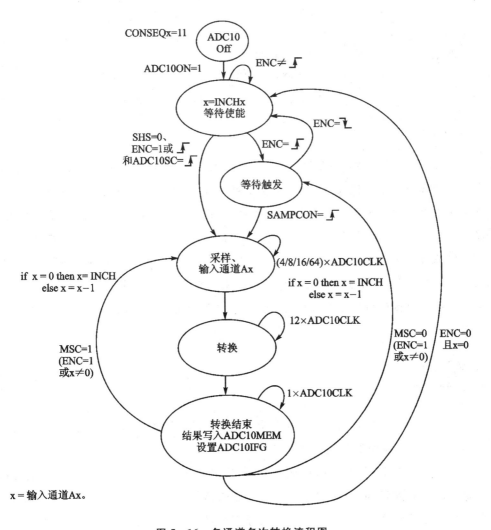

图 5 - 16　多通道多次转换流程图

```
ADC10CTL1 = INCH_1 + CONSEQ_3;
                    //设定最高通道(A1),设置多通道多次转换模式

ADC10CTL0 = ADC10SHT_2 + MSC + ADC10ON + ADC10IE;
ADC10AE0 = 0x03;                    // 打开 A1,A0 通道
ADC10DTC1 = 0x20;
                    // 设定转换转移数据次数:16 次转换,每次转换 A1,A0
for (;;)
{
        ADC10CTL0 &= ~ENC;
```

```
    while (ADC10CTL1 & BUSY);              // 等待 ADC10 模块启动
    ADC10SA = 0x200;
    ADC10CTL0 |= ENC + ADC10SC;            // 采样和转换准备就绪
    __bis_SR_register(CPUOFF + GIE);       // 进入 LPM0,使能中断
    _NOP();
    _NOP();
}
```

总结：前面详细描述了 ADC10 的工作模式,并结合 TI 提供的示例代码说明了代码中的配置及操作模式,读者在初步了解 ADC10 功能的基础上不应满足于可使用单通道单次读取模式来完成最基本的 A/D 操作,应能够深入了解 DTC 的功能。因为 DTC 功能与低功耗结合,可以充分发挥高效执行 ADC10 模块的转换效率,也可以锻炼对较复杂 A/D 转换的程序设计能力。有兴趣的读者可以查找 STM32F107 芯片的数据手册,在该手册中有更加详细的关于多种 A/D 转换模式的描述。虽然是两个公司不同类型的单片机芯片,但在 A/D 功能上大同小异,读者应关注的是工作原理描述。

本章小结

(1) 关于 ADC 的采样与转换周期的计算,可参考 STM32 相关芯片(如 STM32F107)的数据手册,上面有更为详细的描述。

(2) 关于 A/D 转换,读者可从 TI 官方网站查找以 ADS 开头的芯片,详细阅读数据手册中的内容,可以得到更多关于 A/D 转换的技术规范。

(3) 关于本章流程图的说明。建议读者能够仔细分析本章流程图,就如同分析电路图一样,能够帮助读者培养专业思维能力。

(4) MSP430 系列单片机中还有 12 位的 ADC 模块,本章没有继续描述该模块的功能。对比图 5-17 可知,ADC10 与 ADC12 电路原理图非常相似,功能设置也较一致,主要区别是转换位数不同,ADC12 是 12 位 A/D 转换,而 ADC10 是 10 位 A/D 转换,前者精度较高。两个模块的转换模式基本一致,包括单通道单次转换、单通道多次转换、多通道单次转换、多通道多次转换。但根据数据手册描述,DTC 功能不能用于 ADC12 模块。

（5）本章提到的示例代码（以 msp430g2x33_adc10 开头的源代码文件）中使用了以睡眠等待 ADC10 转换结果的思路。在实际应用中，读者要仔细观察在非睡眠模式（低功耗模式）下的 A/D 转换控制。

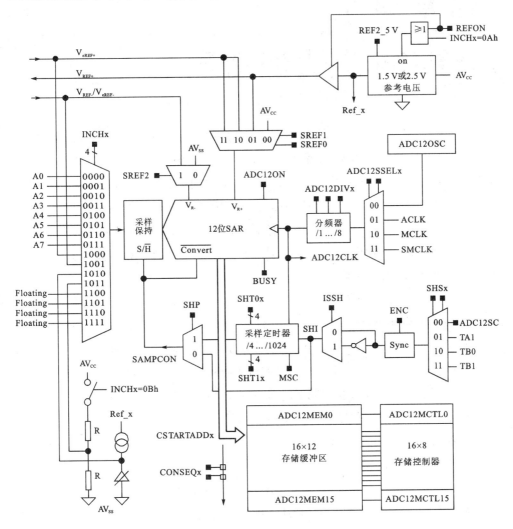

图 5-17　ADC12 的电路原理图

第6章

MSP430 之通信资源

在经过一些基于单片机等控制器的编程开发（如项目学习、真实产品开发）后，开发者对单片机的性能指标应该比较关注，如速度、代码空间、RAM空间，以及开发环境是否容易上手，中断资源多不多，定时器多不多，还带有多少其他资源。作者习惯使用这样一个评测指标来分析所选单片机的性价比，即资源与价格的比值，或者是引脚与价格的比值。相对来说，MSP430G2系列单片机的资源属于中上，在基于较优异的低功耗特性基础上，它也含有较丰富的外部资源，下面进行详细分析。

MSP430G2x53系列单片机数据手册SLAS735对该系列单片机的资源作了概述，涉及的外部资源如下：

- 通用串行通信接口（USCI），支持自动波特率检测的增强型通用异步收发器（UART）、红外通（IrDA编码器和解码器）、同步SPI、I^2C。
- 用于模拟信号比较功能或者斜率A/D转换的片载比较器。
- 带有内部基准、采样与保持以及自动扫描功能的10位200 ksps A/D转换器。
- 欠压检测器。
- 串行板上编程，无需外部编程电压，利用安全熔丝实现可编程代码保护。
- 具有两线制（Spy-Bi-Wire）接口的片上仿真逻辑电路。

由以上可以看出，MSP430G2x53有USCI接口，支持波特率自动检测的UART、红外通信（IrDA编解码）、SPI、I^2C等，有一个10位的ADC和片载比较器。这些都是比较重要的外部资源，本章重点讲解串口通信（UART、SPI、I^2C）功能。图6-1说明了外部资源的功能。

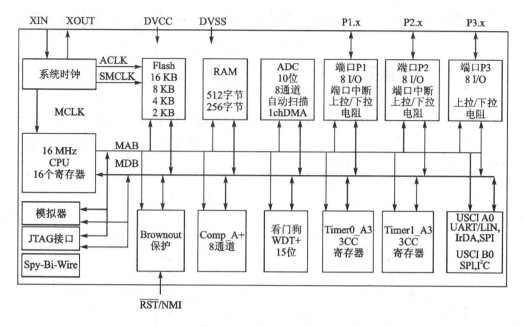

图 6 - 1　MSP430 资源图

6.1　USCI 接口

数据手册 SLAS735 对 USCI 接口的功能描述:通用串行通信接口(USCI)模块支持多种串行通信模式。不同的 USCI 模块支持不同的模式,每种不同 USCI 模块用不同的字母命名。例如,USCI_A 与 USCI_B 是不同的,等等。如果在一台器件上有多个相同的 USCI 模块,那么这些模块用递增的数字命名。例如,如果一个设备有两个 USCI_A 模块,那么它们分别命名为 USCI_A0 和 USCI_A1。

特别注意,不同类型模块所支持的通信模式不同。

USCI_Ax 模块支持:

● UART 模式;

● 用于 IrDA 通信编解码;

● 可自动检测波特率的串口通信(LIN 通信);

● SPI 模式。

USCI - Bx 模块支持:

● I^2C 模式;

● SPI 模式。

本章先讲解 I^2C 通信模式,然后讲解 SPI、UART 通信模式。

根据数据手册描述,MSP430G2 系列的 I^2C 总线遵守 PHILIPS I^2C V2.1 版本规范,可支持标准与快速两种通信速度;支持 7 位或者 10 位寻址,支持主机模式和从机模式;时钟 CLK 速率可配置;能够在低功耗模式下(LPM4)作为从机被自动唤醒等功能。

6.2　I²C 功能描述

关于 I²C 的详细描述可参考其标准规范文档(PHILIPS I²C V2.1)。

I²C 利用两根线(一根为 SCL,一根为 SDA)实现设备之间的通信,其拓扑结构如图 6-2 所示。

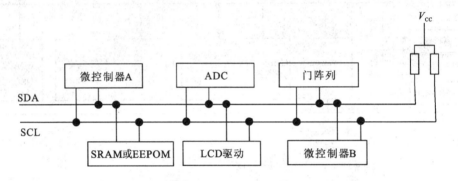

图 6-2　I²C 的总线示意图

图 6-2 说明了在 I²C 总线拓扑中应含有至少一个微控制器。该控制器通过 I²C 总线的 SCL 和 SDA 线与其他关联设备进行通信,其中 SCL 为时钟信号线,SDA 为数据信号线。每个挂载的设备都应该有一个独立的总线地址,用于与总线上其他设备进行区别(识别)。基于传统的串行总线通信机制,I²C 总线通信也是通过 SDA 与 SCL 配合实现,传输速率包含标准(100 kbps)、快速(400 kbps)、高速(3.4 Mbps)三大类。在 I²C 总线应用中,需要仔细分析其总线时序,包含启动、停止、数据传输三部分,如图 6-3 所示。

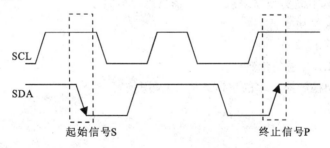

图 6-3　I²C 的时序说明

启动时序:当 SCL 为高电平时,SDA 从高电平变为低电平,表示启动。

停止时序:当 SCL 为高电平时,SDA 从低电平变为高电平,表示停止。

由此可知,数据的传递(即 SDA 高低电平变化)应在 SCL 为低电平时发生,不能在 SCL 高电平期间发生。进一步推敲可知,SDA 电平是在 SCL 为高电平的时候被读取。

在基本时序的基础上,构建复杂的主从机交互时序,通过数据帧的形式来描述。数据帧包括地址、数据、启动、停止、ACK 信号等。

数据帧内容包括:起始信号,7 位或 10 位的从机地址,传送方向标志位,数据位(8 位),每个字节数据后有一个 ACK 位,在一系列数据与 ACK 之后,通过终止信号结束数据帧。图 6-4 是 I²C 数据帧的示意图(来自 THE IIC SPECIFICATION VERSION2.1 JANUARY 2000)。该示意图清晰地描述了 I²C 总线的读/写数据,建议读者能够仔细分析并掌握"启动—地址(7 位/10 位)—R/$\overline{\text{W}}$—数据—ACK—数据—ACK—…—停止"的时序。

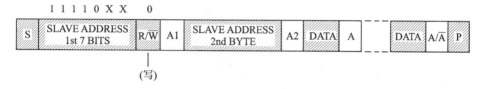

图 6-4　I²C 数据帧示意图

如果理解了 I²C 协议及时序,学习 MSP430 的 I²C 工作机制就容易多了。按照本书的学习思路,对于单片机的功能,在把握它的电路功能框图的基础上,了解其寄存器设置,就可以较深入地掌握其功能了,剩下的就是在理解应用需求的基础上进行寄存器配置。首先看 MSP430G2x53 系列单片机的 I²C 电路原理图,如图 6-5 所示。

由图 6-5 可以看出,UCxSCL 时钟信号(x 为序号,0 或者 1)的源以及分频都可配置,其中时钟源通过 UCSSELx 寄存器配置,UCxBRx 寄存器配置分频。UCMST 决定 MSP430 是扮演主机还是从机角色,如果 UCMST=1,则 MSP430 为从机,因为这时 MSP430 不再能够产生 I²C 的时钟信号;如果 UCMST=0,则 MSP430 为主机,I²C 的时钟信号由 MSP430 产生。

图 6-5 中上半部分是 SDA 信号的功能图,包括了发送数据缓冲器(UCxTX-BUF)和接收数据缓冲器(UCxRXBUF),前者存放要发送出去的数据(准确说是内容,包括数据和地址),后者存放接收到的内容。发送部分还包含一个本机地址寄存器,用于设置从机的 I²C 发送端地址;接收部分包含一个本机 I²C 地址寄存器。

因为 SDA 是一条线,信号将通过发送/接收移位寄存器进行发送和接收。根据数据手册描述,USCI 模块在 PUC 或者手动设置 UCSWRST 位后,处于复位状态,如果要使其工作在 I²C 状态(模式),应将 UCMODEx 设置为 11(即 2 位,对应的都是 1,不是十进制的 11)。在设置了后,只要清除 UCSWRST 位即可让 USCI 工作起来。

下面配合 msp430g2xx3_uscib0_i2c_01.c 代码中一段 LaunchPad 示例程序讲解上述寄存器的配置:

```
P1SEL |= BIT6 + BIT7;                          // 配置 I²C 引脚
```

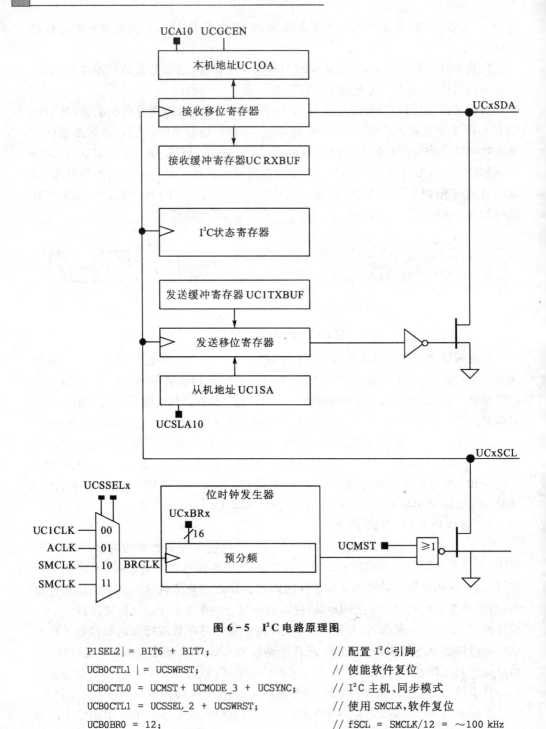

图 6 – 5　I²C 电路原理图

```
P1SEL2| = BIT6 + BIT7;                        // 配置 I²C引脚
UCB0CTL1 |= UCSWRST;                           // 使能软件复位
UCB0CTL0 = UCMST + UCMODE_3 + UCSYNC;          // I²C 主机、同步模式
UCB0CTL1 = UCSSEL_2 + UCSWRST;                 // 使用 SMCLK,软件复位
UCB0BR0 = 12;                                  // fSCL = SMCLK/12 = ~100 kHz
UCB0BR1 = 0;
UCB0I2CSA = 0x4e;                              // 设置从机地址
```

```
UCB0CTL1 & = ~UCSWRST;                        // 清除软件复位
IE2 | = UCB0RXIE;                             // 使能 RX 中断
TACTL = TASSEL_2 + MC_2;                      // SMCLK, contmode
```

根据这个示例程序的描述：

```
// Description：I2C interface to TMP100 temperature sensor in 9 - bit mode.
// Timer_A CCR0 interrupt is used to wake up and read the two bytes of
// the TMP100 temperature register every 62ms. If the temperature is greater
// than 28C, P1.0 is set, else reset. CPU is operated in LPM0. I2C speed
// is ~100kHz.
// ACLK = n/a, MCLK = SMCLK = TACLK = BRCLK = default DCO = ~1.2 MHz
//
//            /|\            /|\ /|\
//             |   TMP100   10k 10k    MSP430G2xx3
//             |   ------    |   |   --------------
//            + --|Vcc SDA|<-|--- + ->|P1.7/UCB0SDA   XIN|-
//             |    |   |   |   |         |            |
//            + --|A1,A0  |   |   |                  XOUT| -
//             |    |   |   |   |         |            |
//            + --|Vss SCL|< - +------|P1.6/UCB0SCL    P1.0|--> LED
//             |   \|/  --------        |               |
```

可知，MSP430 的 I²C 工作在主机模式下，不断读取 TMP100 的温度值。

在上述配置中，首先配置 I²C 工作模式：

```
UCB0CTL0 = UCMST + UCMODE_3 + UCSYNC;        // I²C 主机、同步模式
```

将其设置为主机模式。

其次，配置 SCL 时钟源和分频，同时配置 UCSWRST，使 USCI 复位，不工作：

```
UCB0CTL1 = UCSSEL_2 + UCSWRST;               // 使用 SMCLK, 软件复位
UCB0BR0 = 12;                                // fSCL = SMCLK/12 = ~100kHz
UCB0BR1 = 0;
```

将其配置为 SMCLK 时钟源，进行 12 分频。

接着，配置从机的地址，用于与从机（TMP100）进行通信：

```
UCB0I2CSA = 0x4e;                            // 配置从机地址
```

在上述配置后，清除 UCSWRST 位可以启动 I²C 工作，如下所示：

```
UCB0CTL1 & = ~UCSWRST;                        // 清除软件复位
```

上面讲解了基于 MSP430G2x53 的 I²C 功能框图的主要配置功能（没有全部讲完，如 UCSLA10、UCA10 寄存器用于选择 7 位还是 10 位地址），下面讲解 I²C 的工

作机制。由于 MSP430 的 I²C 支持主机与从机模式,根据常规开发方式,一般将控制器设置为 I²C 的主机模式,本章也重点讲解基于主机(发送、接收)的 I²C 工作机制。

参看上面的后续代码,如下:

```
void main(void)
{
    //前面的配置代码
    while (1)
    {
        RxByteCtr = 2;                      // 加载 RX 字节计数
```

根据之前的配置代码描述,本实例中 MSP430 进入了 I²C 主机接收模式。数据手册中这样描述:初始化之后,通过把目标从器件地址写入寄存器 UCBxI2CSA、用 UCSLA 10 位来选择从器件地址的位数、置位 UCTR 来选择发送模式、置位 UCTX-STT 来产生一个起始条件,主器件接收模式才被初始化。下一句就是产生起始条件:

```
UCB0CTL1 | = UCTXSTT;                      // I²C 启动条件
```

MSP430 进入 LPM0 模式,此时 MSP430 的 CPU 停止工作(参看数据手册关于低功耗模式部分内容),即代码停在此处不再运行,直到有事件触发(在本例中是通过一个被使能的中断触发来使 CPU 进入正常模式的),导致 CPU 退出低功耗(由语句__bic_SR_register_on_exit(CPUOFF)实现),进入正常模式,代码才会继续执行下去。

```
__bis_SR_register(CPUOFF + GIE);           // 进入 LPM0 模式,打开中断
```

如果退出了低功耗,则继续执行下面代码(为应用代码):

```
if (RxWord < 0x1d00)                       // >28C?
    P1OUT & = ~0x01;                       //否, P1.0 = 0
else
    P1OUT | = 0x01;                        //是, P1.0 = 1
```

以下代码实际上就是启动定时器,再次进入低功耗,直到定时器计数溢出产生定时器中断,再次退出低功耗。

```
    __disable_interrupt();
    TACCTL0 | = CCIE;                      // 使能 TACCR0 中断
    __bis_SR_register(CPUOFF + GIE);       // 进入 LPM0 模式,打开中断
    TACCTL0 & = ~CCIE;                     // 关闭 TACCR0 中断
    }
}
```

定时器中断程序:

```
#pragma vector = TIMER0_A0_VECTOR
```

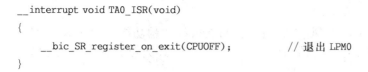

```
__interrupt void TA0_ISR(void)
{
    __bic_SR_register_on_exit(CPUOFF);              // 退出 LPM0
}
```

对于 I^2C 的接收中断程序,这里要很清楚地指出以下问题:

① MSP430 的 I^2C 中断向量有两个:一个用于接收和发送数据,简称数据向量;另一个用于 I^2C 的状态(4 个)变化的向量,简称状态向量。

② 在 MSP430 的 C 语言代码设计中,I^2C 的中断向量对应如下:

● USCIAB0TX_VECTOR 为数据向量(包括发送和接收);

● USCIAB0RX_VECTOR 为状态向量(包括 4 个状态变化)。

③ 具体可参见数据手册中关于 I^2C 的中断描述。

```
// The USCIAB0TX_ISR is structured such that it can be used to receive any
// 2 + number of bytes by pre-loading RxByteCtr with the byte count.
//该中断处理程序用于接收数据,并在第一个数据接收后发送 I²C 停止标志,表明在下一个
//数据接收后,即停止数据接收
# pragma vector = USCIAB0TX_VECTOR
__interrupt void USCIAB0TX_ISR(void)
{
    RxByteCtr -- ;                                  // RX 接收计数减 1

if (RxByteCtr)
    {
    RxWord = (unsigned int)UCB0RXBUF << 8;          //获取接收的字节
if (RxByteCtr == 1)                                 // 只有一个字节?
        UCB0CTL1 | = UCTXSTP;                       // 产生 I²C 停止条件
    }
else
    {
    RxWord | = UCB0RXBUF;                           // 最后一个接收字节
    __bic_SR_register_on_exit(CPUOFF);              // 退出 LPM0
    }
}
```

本例是 LaunchPad 的 msp430g2xx3_uscib0_i2c_01.c 程序,其流程图如图 6 - 6 所示。根据程序说明所描述,本程序实现了每隔 62 ms(定时器的时间间隔)获取一次数据(一次两个字节数据)。

以上较为详细地讲解了 I^2C 的配置与简单程序设计,其中配置的流程较为简单,而设计思路中,通过迫使 CPU 进入睡眠状态来模拟实际有效工作过程。单纯从设计思路来看,有必要将一些数据处理代码放置在 I^2C 数据接收(发送)的中断中处理,

已达到更好的程序流程安排。

所演示的例子实现了 MSP430 作为主机接收模式的功能,在实际单片机设计系统中,I^2C 更多应用于单片机作为主机,其他功能模块(如按键模块、A/D、D/A 模块等)作为从机,双方进行通信的情况。

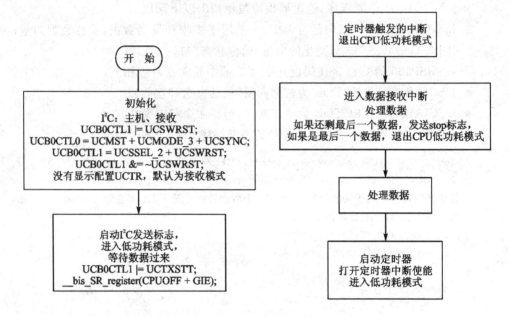

图 6-6　程序流程图

下面依据典型应用背景,介绍 MSP430 作为主机发送模式的设计思路。参考 LaunchPad 示例程序 msp430g2xx3_uscib0_i2c_02.c 代码,如下:

```
//请先看程序的注释说明,简单说是 MSP430 先配置成主机接收模式从 PCF8574 读取输入值,然后
//配置成主机发送模式向 PCF8574 发送值。PCF8574 是一个 I²C 总线的 I/O 口扩展芯片
#include "msp430g2553.h"
void main(void)
{
    WDTCTL = WDTPW + WDTHOLD;                    // 关闭看门狗
    P1SEL |= BIT6 + BIT7;                        // 配置 I²C 引脚
    P1SEL2 |= BIT6 + BIT7;                       // 配置 I²C 引脚
    UCB0CTL1 |= UCSWRST;                         // 使能软件复位
    UCB0CTL0 = UCMST + UCMODE_3 + UCSYNC;        // I²C 主机、同步模式
    UCB0CTL1 = UCSSEL_2 + UCSWRST;               // 使用 SMCLK,软件复位
    UCB0BR0 = 12;                                // fSCL = SMCLK/12 = ~100 kHz
    UCB0BR1 = 0;
    UCB0I2CSA = 0x20;                            // 配置从机地址
    //下一句说明配置了默认的主机接收模式(参看寄存器手册)
    UCB0CTL1 &= ~UCSWRST;                        // 清除软件复位
```

```
    IE2 |= UCB0RXIE;                                    // 使能 RX 中断
    TACCTL0 = CCIE;                                     // TACCR0 中断使能
    TACTL = TASSEL_2 + MC_2;                            // SMCLK，连续模式


while (1)
    {
    //进入低功耗模式，等待定时器触发中断
    __bis_SR_register(CPUOFF + GIE);
    //定时器触发并执行中断后，退出低功耗，下面配置为接收模式
    UCB0CTL1 &= ~UCTR;                                  // I²C RX
    //发送 start 标志，并等待从机响应(参阅数据手册说明)
    UCB0CTL1 |= UCTXSTT;                                // I²C 启动条件
    //如果收到从机应答，即将 UCTXSTT 清零，说明从机已经将数据传送过来，中断已经被触发
    //这个循环的本质是等待中断进来
    while (UCB0CTL1 & UCTXSTT);
    //将模式改变为"主机 + 发送"模式
    UCB0CTL1 |= UCTR + UCTXSTT;                         // I²C TX 启动条件
    //再次进入低功耗，这时候在等待中断触发(是定时器中断)
    //因为没有开启发送中断使能，所以发送了 start 标志后，程序通过低功耗，等待一个
    //定时器的时间(62 ms)，醒来退出低功耗，并观察是否发送完毕
    __bis_SR_register(CPUOFF + GIE);                    // 关闭 CPU，打开中断
    while (UCB0CTL1 & UCTXSTT);
    //如果发送完毕，发送 stop 标志
    UCB0CTL1 |= UCTXSTP;                                // 发送第一个数据之后，停止 I²C 发送
    }
}


#pragma vector = TIMER0_A0_VECTOR
__interrupt void TA0_ISR(void)
{
    __bic_SR_register_on_exit(CPUOFF);                  // 退出 LPM0
}


// USCI_B0 Data ISR
#pragma vector = USCIAB0TX_VECTOR
__interrupt void USCIAB0TX_ISR(void)
{
    UCB0TXBUF = (UCB0RXBUF << 4) | 0x0f;               // 将 RX 数据填入 TX
    __bic_SR_register_on_exit(CPUOFF);                  // 退出 LPM0
}
```

上面程序的流程图如图 6-7 所示。

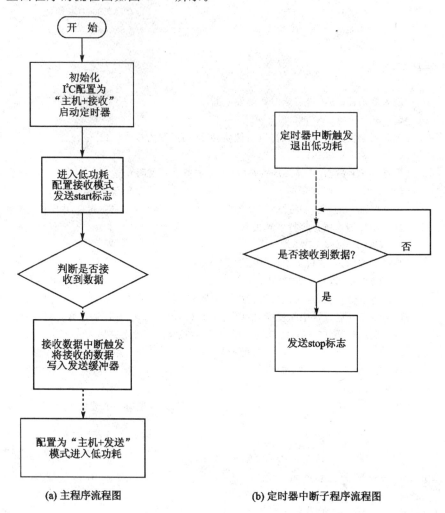

(a) 主程序流程图   (b) 定时器中断子程序流程图

图 6-7　程序流程图

上面的例子描述 MSP430 的 I²C 总线功能,根据代码的设计流程可以看出,硬件 I²C 应用不如软件 I²C 协议应用方便简洁。硬件 I²C 协议应用需要对其工作流程非常熟悉,而软件 I²C 协议应用就省掉了许多复杂的设计考虑。但从协议健壮性来说,硬件 I²C 协议远远好于软件 I²C 协议,建议读者能够在深入分析 MSP430 的 I²C 基础上,尽可能应用硬件 I²C 来替代软件 I²C 协议设计,以提高程序的稳定性和对异常处理的能力。此处,作者结合自己的项目经验谈一些看法。在经历的几个开发项目中,无论是 51 单片机、MSP430,还是 STM32,都采用了软件的 I²C 协议,其本质就是构造了发送和接收的时序,远谈不上协议的健壮性和扩展性。由于项目中所使用的 I²C 都是点对点的通信,也没有涉及主从机多对多的拓扑结构,因此在软件开发中往往往将 I²C 等效成一个普通的时序模式而已。查阅了一些关于 MSP430 的 I²C 功能的应用参考书后发现,一些作者也是倾向于介绍软件模拟的 I²C 功能。有些书中探讨了 MSP430 的机制,但硬件 I²C 的使用还是需要相关函数库支持(如 CCS 提供的配套 I²C 库),否则就不能很好地用于实际开发。作者的想法是,如果读者想要较深入地了解 I²C 的工作机制,那么建议在基本会使用软件模拟的 I²C 协议基础上,多了解 MSP430 的硬件 I²C 以及 CCS 提供的支持函数库。因为无论软件如何模拟 I²C 协议实现,都无法替代底层硬件所构建的实现机制。

MSP430 的 I²C 协议还包括了从机发送与从机接收模式,限于篇幅和实际应用场合,本文不再说明,读者可以参考 LaunchPad 的示例代码进行分析。

最后,在 MSP430 的 I²C 应用时,参考其内部电路引脚图可知,属于开漏设计,应外接上拉电阻,建议外接 10 kΩ 上拉电阻。

6.3　SPI 总线描述

SPI 是一种高速全双工同步的通信总线,并且在芯片的引脚上只占用 4 根线,节约了芯片的引脚,同时在 PCB 布局上节省了空间,提供了方便。

SPI 的通信原理很简单,它以主从方式工作。这种模式通常有一个主设备和一个(或多个)从设备,需要 4 根线,事实上 3 根也可以(单向传输时),也是所有基于 SPI 的设备共有的。它们是 SDI(数据输入)、SDO(数据输出)、SCLK(时钟)、CS(片选)。

SDO　　　主设备数据输出,从设备数据输入。

SDI　　　主设备数据输入,从设备数据输出。

SCLK　　时钟信号,由主设备产生。

CS　　　　从设备使能信号,由主设备控制。

其中,CS 用于控制芯片是否被选中,即只有当片选信号为预先规定的使能信号时(高电位或低电位),对此芯片的操作才有效。这就允许在同一总线上连接多个 SPI 设备成为可能。

接下来是负责通信的 3 根线。通信是通过数据交换完成的,SPI 是串行通信协议,也就是说数据是一位一位的传输的。这就是 SCLK 时钟线存在的原因:由 SCLK 提供时钟脉冲,SDI 和 SDO 基于此脉冲完成数据传输。数据通过 SDO 线输出,在时钟上升沿(或下降沿)时改变,在紧接着的下降沿(或上升沿)被读取,完成一位数据传输。数据输入也采用同样原理。因此,时钟信号改变 8 次(上升沿加下降沿为一次),就可以完成 8 位数据的传输。

需要注意的是,SCLK 信号线只由主设备控制,从设备不能控制信号线。同样,在一个基于 SPI 的设备中,至少有一个主控设备。这样传输的特点与普通串行通信不同,普通串行通信一次连续传送至少 8 位数据,而 SPI 允许数据一位一位地传送,甚至允许暂停。因为 SCLK 时钟线由主设备控制,当没有时钟跳变时,从设备不采集或传送数据。也就是说,主设备通过对 SCLK 时钟线的控制可以完成对通信的控制。除此之外,SPI 还是一个数据交换协议。因为 SPI 的数据输入线和输出线独立,所以允许同时完成数据的输入和输出。不同的 SPI 设备,其实现方式不尽相同,主要是数据改变和采集的时间不同,在时钟信号上升沿或下降沿采集有不同定义。具体请参考相关器件的文档。

在点对点的通信中,SPI 接口不需要进行寻址操作,且为全双工通信,显得简单高效。在多个从设备的系统中,每个从设备需要独立的使能信号,硬件上比 I^2C 系统要稍微复杂一些。

根据上述对 SPI 总线的描述,重点包括以下几个方面:

① 有三根线和四根线两种连接方式,其中四线接法的目的是为了用于区别多主机通信;

② 发送和接收同步进行,分别在时钟总线的两侧边沿进行;

③ 数据传输(发送和接收)过程由时钟控制,每个时钟节拍完成一个传输(发送和接收);

④ 主要用于点对点通信,与 I^2C 的多机挂载寻址通信模式不一样;

⑤ 相对于 I^2C 通信协议,SPI 通信较为简单。

下面分析 MSP430 的 SPI 实现机制,并参照 LaunchPad 的示例代码进行应用分析。图 6-8 是 MSP430 的 SPI 的电路原理图。

将图 6-8 分解成几个部分进行分析,包括时钟流程图、接收数据流程图、发送数据流程图。

1. 时钟流程图

如图 6-8 中虚线框①所示,通过 UCSSELx 选择时钟的信号源,通过 UCxBRx 设定对信号源的分频,通过 UCCKPH、UCCKPL 设置时钟的相位和极性。如果 MSP430 工作在 SPI 主机模式,则从机的时钟将由主机时钟提供;如果 MSP430 工作在 SPI 从机模式,则时钟将由参与 SPI 通信的对端主机时钟提供。

2. 接收数据流程图

如图 6-8 中虚线框②所示,数据由时钟节拍控制,按位接收,其中 UCMSB 控制数据传递的顺序(从高位开始还是低位开始),UC7BIT 控制传递的数据是 7 位还是 8 位长度。当指定位数(7 位或者 8 位)的数据接收完成后,数据转移到 UCxRX-BUF,同时置位 UCOE 和 UCxRXIFG 标志。

3. 发送数据流程图

如图 6-8 中虚线框③所示,数据由时钟节拍控制,通过移位寄存器将数据发送出去,与接收功能相似,UCMSB 和 UC7BIT 控制了数据的移位顺序和数据位数。需要注意的是,当 UCxTXBUF 的数据转移到移位寄存器后,就会置位 UCxTXIFG 标

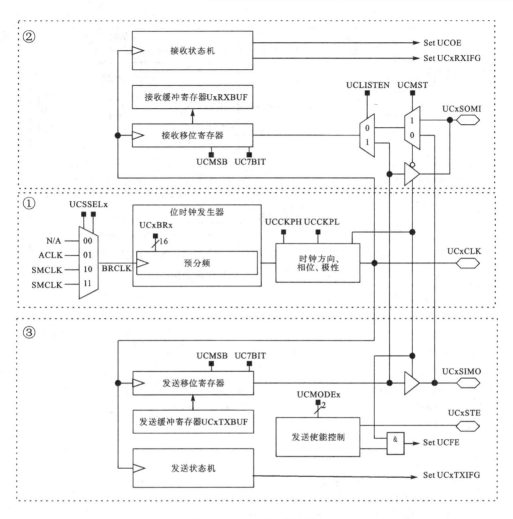

图 6 - 8　SPI 电路原理图

志,表明 UCxTXBUF 可以接收新的要发送的数据,但不表明之前的数据已经完成发送。因为之前的数据只是放在了移位寄存器里面,并通过时钟节拍控制发送,至于是否发送完,并不知道。

什么时候开始发送数据? 当 UCxTXBUF 填入数据后,就认为启动了数据发送流程,只要时钟可以工作,数据将通过移位寄存器发送出去。

MSP430 的 SPI 典型应用包括主机模式和从机模式,主机模式的电路图如图 6 - 9 所示。注意图中的 UCxSTE 引脚,由主机对端的 SPI 设备提供信号。如果实际应用中不存在多个 SPI 主机,则建议使用三线制 SPI 总线,不使用 UCxSTE 引脚。

上述电路对应的程序示例可参考 msp430g2xx3_uscia0_spi_09.c,功能配置如下:

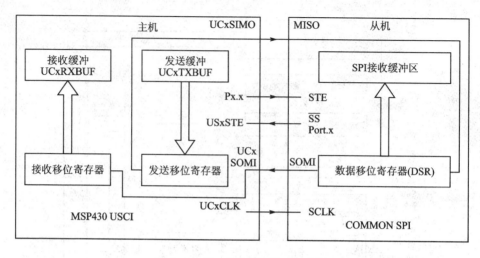

图 6-9 SPI 主机发送模式示意图

```
void main(void)
{
         ⋮
    //配置 P1.1、P1.2、P1.4 第二功能,作为 SPI 功能
    P1SEL = BIT1 + BIT2 + BIT4;
    P1SEL2 = BIT1 + BIT2 + BIT4;
    /*****************************************
    UCCKPL:
    UCMSB:
    UCMST:主机模式
    默认选择了三线 SPI,数据是 8 位
    *****************************************/
    UCA0CTL0 |= UCCKPL + UCMSB + UCMST + UCSYNC;
    //选择时钟信号源
    UCA0CTL1 |= UCSSEL_2;        // SMCLK
    //对信号源的分频
    UCA0BR0 |= 0x02;             // 2
    UCA0BR1 = 0;
    UCA0MCTL = 0;
    UCA0CTL1 &= ~UCSWRST;        // Initialize USCI state machine
    //打开接收中断
    IE2 |= UCA0RXIE;             // 使能 USCI0 RX 中断
         ⋮
    MST_Data = 0x01;            // 初始化数据
         ⋮
```

//在主程序的最后一步对发送缓冲寄存器进行数据填入,因为在填入发送数据后,

```
//SPI 即开始在时钟配合下进行数据发送
    UCA0TXBUF = MST_Data;                        //发送第一个字符
//进入低功耗模式,打开总中断
    __bis_SR_register(LPM0_bits + GIE);          //进入 LPM0,使能中断
}
```

在主程序中,没有打开发送中断允许标志,改为打开接收中断允许标志。根据程序的说明,在主机发送数据的同时,希望接收到从机发过来的数据,并对数据进行比对。SPI 工作时,发送和接收使用同一个时钟的对称边沿(如果 SPI 通信一端用波形的上升沿,另一端就用波形的下降沿),在发送完毕的同时,接收也完成。根据之前描述,如果 UCxRXBUF 收到了指定位数的数据,则会置位 UCxRXIFG 标志(产生中断)。因此,本程序利用接收中断来判断是否收到了从机的数据。

下面是中断程序,首先判断发送是否完成,然后比对接收缓冲区的数据是否是希望的数据,再将数据加工,填入发送缓冲区,触发 SPI 发送机制,退出中断。主程序依旧处于低功耗状态,当数据发送完毕后,再次触发中断。

```
// Test for valid RX and TX character
#pragma vector = USCIAB0RX_VECTOR
__interrupt void USCIA0RX_ISR(void)
{
volatile unsigned int i;

while (! (IFG2 & UCA0TXIFG));               // USCI_A0 TX 缓冲区可用?

if (UCA0RXBUF == SLV_Data)                  // 测试 RX'd
    P1OUT | = BIT0;                         // 如果正确,点亮 LED
else
    P1OUT & = ~BIT0;                        //如果不正确,熄灭 LED

    MST_Data ++ ;                           // 累加主机值
    SLV_Data ++ ;                           // 累加从机值
    UCA0TXBUF = MST_Data;                   // 发送下一个值

    __delay_cycles(50);                     // 加入延时,等待从机完成接收
}
```

SPI 从机模式的典型结构图如图 6 - 10 所示。

相对而言,从机的设计更加简单。与主机模式类似,在不考虑多主机的情况下,建议使用三线制接法。相应的示例代码是 msp430g2xx3_uscia0_spi_10.c。

下面介绍主要程序功能。

```
void main(void)
{
```

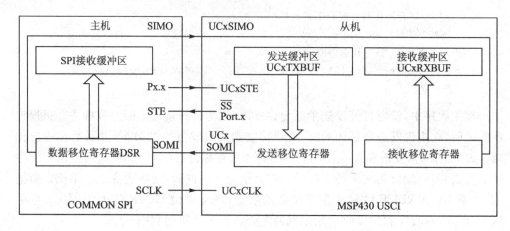

图 6 - 10　SPI 从机模式典型结构图

```
          ⋮
while (! (P1IN & BIT4));                            //是否进入 SPI 模式

//配置为三线 8 位的从机 SPI 模式
   UCA0CTL0 | = UCCKPL + UCMSB + UCSYNC;      // 3 引脚, 8 引脚 SPI 主机
   UCA0CTL1 & = ～UCSWRST;                     //Initialize USCI state machine
   //打开接收中断
   IE2 | = UCA0RXIE;                          // 使能 USCI0 RX 中断
   //进入低功耗,打开总中断
   __bis_SR_register(LPM4_bits + GIE);        // 进入 LPM4,使能中断
}
```

本程序的设计思路是将 MSP430 配置为从机 SPI 模式,在工作时,实现 echo 功能,即回射接收到的数据。在中断里面,判断发送缓冲区是否可用,将接收的数据回填入发送缓冲区。

```
// echo 功能
#pragma vector = USCIAB0RX_VECTOR
__interrupt void USCI0RX_ISR (void)
{
while (! (IFG2 & UCA0TXIFG));                       // USCI_A0 TX 缓冲区可用?
   UCA0TXBUF = UCA0RXBUF;
}
```

在从机模式下,发送和接收的时钟是由主机时钟提供的,从机内部的时钟不再工作。从机什么时候开始启动接收或者发送?

① 主机模式下,当数据填入 UCxTXBUF 后,即启动数据传输(发送和接收);

② 从机模式下(不考虑 STE 的作用),受到主机时钟的控制,而主机时钟是在主

机数据填入 UCxTXBUF 后开始工作。

因此，从机模式下谈不上什么时候开始启动接收和发送流程，从机的时钟由主机控制，主机在数据填入 UCxTXBUF 后，启动数据传输。另外，数据的发送和接收是同步的。

通过上面对 SPI 的描述可知，SPI 协议比 I^2C 简单，本质就是双向移位。TI 公司（其他公司也有）开发的芯片往往提供 SPI（或者类似 SPI）的总线接口，部分原因也是其机制（硬件实现）简单。

6.4　UART 功能描述

UART 是通用异步串行接口的简称。串行通信接口是用来与单片机外界系统进行通信的桥梁，比如可以把单片机 ADC 转换的数据通过串口发送给 PC 机（上位机），经上位机处理之后再发回给单片机，以达到通信的目的。通过相关寄存器的配置，可以很轻松地实现 UART 通信功能。

在深入讲解 UART 之前，读者应观察身边的电脑是否还带有 9 针的串口接口，因为绝大多数台式机和笔记本电脑都已经不再带有这样的接口了。如果想实现单片机（51、MSP430 等）与电脑的串口通信功能，就需要通过 USB 转串口的转接口，电脑上要安装 USB 驱动和串口芯片的驱动程序，或者直接通过 USB 线连接到单片机板，板上设计 USB 转串口功能（常规可使用沁恒 CH341 等）。

MSP430 的 UART 原理框图如图 6-11 所示，图 6-12 是 MSP430 的 USCI 原理图。作者所带学生在学习技术过程中最怕英文，而数据手册、技术文档、源代码说明，甚至软件界面（如 multisim、Altium Designer、IAR 等）都是英文居多。一些学生因为惧怕英文，只能翻看中文书籍，尽量避免英文资料，这就大大限制了技术成长的空间。图 6-12 是一种别出心裁的学习方法，将专业术语进行人工注释为中文。试想，如果看英文如同看中文一样顺利，还需要花那么大的精力来分析电路原理图吗？

图 6-12 电路中的结构比较清晰，左边是时钟源选择，上部分为接收功能，接收到的数据存在 UC0RXBUF 寄存器中，围绕这个寄存器实现了移位功能和接收状态机设计；下部分是发送功能，待发送的数据存在 UC0TXBUF 寄存器中，围绕该寄存器一样存在移位功能和发送状态机。两个状态机（发送和接收）的实现机制（技术）是很久远的技术了，读者不必深入了解。

UART 的操作较为简单，包括基本配置和对发送与接收的操作。时钟源来自内部三个时钟或者外部输入时钟，由 SSEL1 和 SSEL0 决定最终进入模块的时钟信号 BRCLK 的频率。所以配置串行通信的第一步就是选择时钟。

通过选择时钟源和波特率寄存器的数据来确定位周期，所以波特率的配置是串行通信中最重要的一部分。波特率设置用三个寄存器实现，分别是 UxBR0、UxBR1、UxMCTL。其中，UxBR0（选择控制器 0）：波特率发生器分频系数低 8 位；Ux-

BR1(选择控制器 1):波特率发生器分频系数高 8 位;UxMCTL:数据传输的格式以及数据传输的模式是通过配置控制寄存器 UCTL 来进行设置的。这些寄存器的子项在图 6-11 中都可以清楚地看到,所以不再详细列出寄存器的子项目列表,读者可以参考数据手册中 UART 寄存器描述部分。

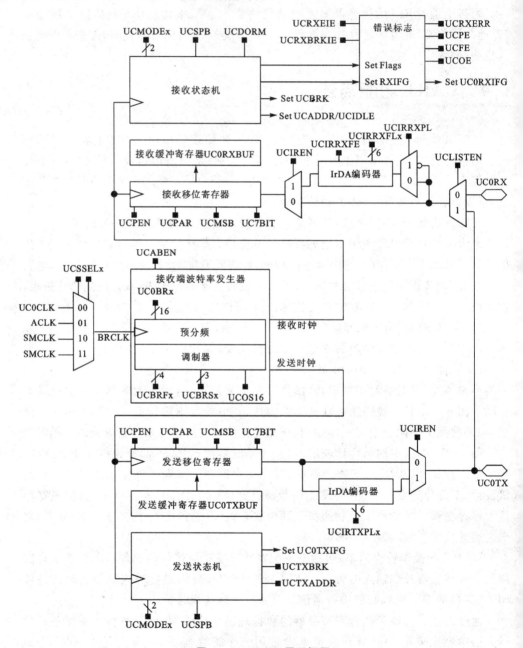

图 6-11 UART 原理框图

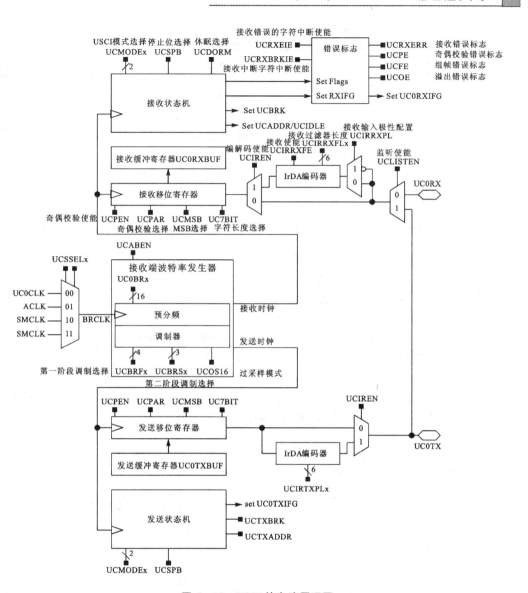

图 6 - 12　USCI 的电路原理图

发送和接收的操作与 51 单片机的串口操作方法几乎一致。下面依据 msp430g2xx3 _uscia0_uart_01_9600.c 示例代码进行讲解。

```
void main(void)
{
    WDTCTL = WDTPW + WDTHOLD;        // 关闭看门狗
    BCSCTL1 = CALBC1_1MHZ;          // 设置 DCO
    DCOCTL = CALDCO_1MHZ;
    P1SEL = BIT1 + BIT2 ;
```

```
// I/O 口的功能寄存器配置。为 1 时作为模块输出或者输出，
// 0 为端口输入或者输出。配置 P1.1 和 P1.2 为串行口
P1SEL2 = BIT1 + BIT2 ;              // P1.1 = RXD, P1.2 = TXD
UCA0CTL1 | = UCSSEL_2;              // SMCLK
UCA0BR0 = 104;                      // 1 MHz 9600
UCA0BR1 = 0;                        // 1 MHz 9600
UCA0MCTL = UCBRS0;                  // UCBRSx = 1
UCA0CTL1 & = ~UCSWRST;
//系统复位。只有对 SWRST 复位,USART 才能重新被允许
//而接收和发送允许标志 URXE 和 UTXE 不会因 SWRST 而更改
IE2 | = UCA0RXIE;                   // 使能 USCI_A0 RX 中断
__bis_SR_register(LPM0_bits + GIE); // 进入 LPM0,使能中断
}
//注意 RX、TX 对应的中断向量表
# pragma vector = USCIAB0RX_VECTOR
__interrupt void USCI0RX_ISR(void)
{
    while (! (IFG2&UCA0TXIFG));      // USCI_A0 TX 缓冲区可用?
        UCA0TXBUF = UCA0RXBUF;       // TX - > RXed 字符
}
```

上述示例比较简单和通用,需要注意中断向量表的使用。下面程序(参阅代码 msp430g2xx3_uscia0_uart_07_9600.c)演示了全双工的设计思路,可作为类似功能设计的模板,不再详细解释。

```
void main(void)
{
    WDTCTL = WDTPW + WDTHOLD;        // 关闭看门狗
    P1DIR = 0xFF;                    // P1 为输出引脚
    P1OUT = 0;                       //P1 复位
    P2DIR = 0xFF;                    //P2 输出
    P2OUT = 0;                       // P2 复位
    P1SEL = BIT1 + BIT2 ;            // P1.1 = RXD, P1.2 = TXD
    P1SEL2 = BIT1 + BIT2 ;           // P1.1 = RXD, P1.2 = TXD
    P3DIR = 0xFF;                    // P3 输出
    P3OUT = 0;                       // P3 复位

    UCA0CTL1 | = UCSSEL_1;           // CLK = ACLK
    UCA0BR0 = 0x03;                  // 32 kHz/9600 = 3.41
    UCA0BR1 = 0x00;
    UCA0MCTL = UCBRS1 + UCBRS0;      // UCBRSx = 3
    UCA0CTL1 & = ~UCSWRST;           // Initialize USCI state machine
```

```
    IE2 | = UCA0RXIE;                        // 打开 USCI_A0 RX 中断
    __bis_SR_register(LPM3_bits + GIE);      // 进入 LPM3 模式,打开中断
}
// USCI A0/B0 Transmit ISR
#pragma vector = USCIAB0TX_VECTOR
__interrupt void USCI0TX_ISR(void)
{
    UCA0TXBUF = string1[i++];                // TX 发送下一个字符
    if (i == sizeof string1)                 // TX 发送完毕?
        IE2 &= ~UCA0TXIE;                     // 关闭 USCI_A0 TX 中断
}
// USCI A0/B0 Receive ISR
#pragma vector = USCIAB0RX_VECTOR
__interrupt void USCI0RX_ISR(void)
{
    string1[j++] = UCA0RXBUF;
    if (j > sizeof string1 - 1)
        {
        i = 0;
        j = 0;
        IE2 | = UCA0TXIE;                     // 打开 USCI_A0 TX 中断
        UCA0TXBUF = string1[i++];
        }
}
```

本章小结

　　UART 模式的波特率是一个比较古老的概念,百度百科中这样描述:单片机或计算机在串口通信时的速率,指的是信号被调制以后在单位时间内的变化,即单位时间内载波参数变化的次数,如每秒传送 240 个字符,而每个字符格式包含 10 位(1 个起始位,1 个停止位,8 个数据位),这时波特率为 240 字符/秒,比特率为 10 位×240 字符/秒=2 400 bps。又比如每秒传送 240 个二进制位,这时的波特率为 240 bps,比特率也是 240 bps。但是,一般调制速率大于波特率,比如曼彻斯特编码。详细资料可参考百度百科"波特率"条目。

　　本章关于 I^2C 的描述中,说到了实际应用中仅仅使用了 I^2C 的基本功能,即点对点的通信机制,且仅仅使用了协议中的"最基本"的功能部分。读者可参考 TI 公司提供的 ADS1110(A/D 转换芯片)的数据手册,该芯片采用 I^2C 接口功能,根据手册中的描述,可以在 MSP430 单片机中作为主机端以软件模拟的形式实现与 ADS1110 的通信。该芯片的 I^2C 硬件设计似乎并没有提出针对多对多通信中的竞争机制。

第7章

MSP430 之其他资源

　　作者在从事研发工作期间,经常听到软件开发有一个 20 - 80 定律,就像摩尔定律一样准确。熟悉软件工程的读者应该知道这个定律的含义,大体来说是 20% 的精力(时间)完成了 80% 的任务,80% 的精力用在解决剩下 20% 的问题。从软件开发角度看,20% 的工作时间来完成 80% 的项目功能,80% 的工作时间用于完成余下所谓 bug 修补等工作。20 - 80 定律即 28 定律,也叫巴莱多定律,是 19 世纪末 20 世纪初意大利经济学家巴莱多发明的。他认为,在任何一组东西中,最重要的只占其中一小部分,约 20%,其余 80% 尽管是多数,却是次要的,因此又称二八法则。下面要讲解的资源属于 MSP430 中的"非主流"资源,但也能够有助于功能的完善和提升。如看门狗定时器可用于监视程序是否"跑飞",DMA 可用于加速数据传递(不经过 CPU 处理),比较器(运算放大器和比较器)可用于简单的信号调理等,电源电压监控(SVS)可以用来实现简单的掉电保护操作,等等。这些功能不是 MSP430 的核心主要功能,但能够适当改进其他功能的使用效果。下面配合官方示例代码进行逐个分析。

7.1　看门狗定时器

　　看门狗定时器(watchdog)用来防止程序因供电电源、空间电磁干扰或其他原因引起的强烈干扰噪声而"跑飞"的事故。在很多单片机中都内置了看门狗,看门狗本身是一个定时器,当定时器溢出时即进行系统复位,因此需要在程序中对看门狗定时器进行清零,即常说的喂狗。

　　看门狗定时器功能在 MSP430 的数据手册中被称为安全装置定时器(WDT+),官方对其功能这样描述:安全装置定时器(WDT+)模块的主要功能是在软件问题发生后执行可受控的系统重启(这里的可受控制是指可以预先设置重启的模式)。如果选定的时间间隔结束,则产生一个系统复位。如果在一个应用中不需要安全装置功能,则该模块可被禁用或配置为一个间隔定时器,并能在选定的时间间隔内产生中断。描述是比较严谨的,但不如前一段直观,较口语化。

　　简单地说,MSP430 的 WDT 功能包括两个,一个是可以用于监视程序是否"跑飞",如果"跑飞"了就在超时后复位单片机(软件复位),迫使单片机从头开始重新执行;另一个功能是不做"看门狗"时,也可以用作定时器,定时产生一个时间中断。

下面看 MSP430 的 WDT 模块原理图,如图 7-1 所示,图中虚线框是关于电路中寄存器部分截图。根据数据手册描述,在操作 WDT 寄存器时,需要进行密钥配对。手册上这样描述:WDTCTL 是一个 16 位的、密码保护的、读取/写入寄存器。任何读取或写入访问必须使用字指令,且写入密码必须包括高字节中的写入密码 05AH。任何除了 05AH 以外的其他任何高字节值写入 WDTCTL 都是一个安全密钥违反,且会触发一个 PUC 系统复位。

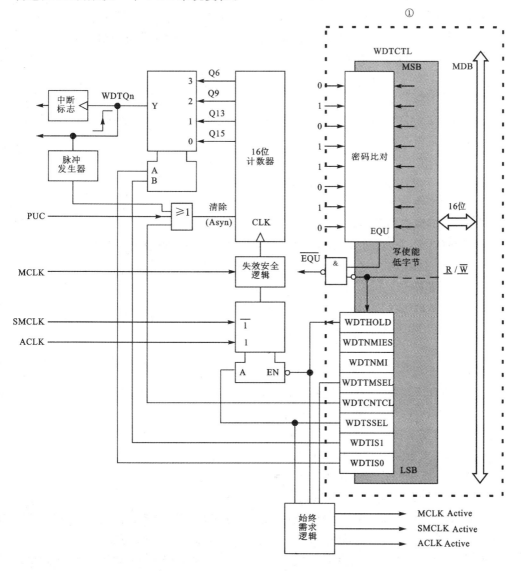

图 7 - 1　MSP430 的 WDT 模块原理图

　　因此,在操作 WDT 时,应在 WDTCTL 寄存器的高 8 位写入 0x5A,否则会导致系统产生 PUC 复位。

从图 7-1 的虚线框可以看出,该寄存器是可读/写的,其中 16 位寄存器的上半部分是密钥配对,下半部分是功能参数配置,具体如下:

① WDTHOLD(位 7) 该位阻止安全装置定时器工作。设置 WDTHOLD=1 时,在不使用 WDT+ 时可节省功耗。

● 0 安全装置定时器未被停止;

● 1 安全装置定时器被停止。

② WDTNMIES(位 6) NMI 中断边沿模式选择。当 WDTNMI=1 时,该位为 NMI 中断选择中断边沿。修改该位可以触发一个 NMI。为了避免引发意外 NMI,当 WDTIE=0 时,修改该位。

● 0 上升沿上的 NMI;

● 1 下降沿上的 NMI。

③ WDTNMI(位 5) NMI 选择。该位为 RSTNMI 引脚选择功能。

● 0 复位功能;

● 1 NMI 功能。

④ WDTTMSEL(位 4) 工作模式选择(是作为看门狗,还是作为定时器)。

● 0 安全装置模式;

● 1 间隔定时器模式。

⑤ WDTCNTCL(位 3) 计数器清零。设置 WDTCNTCL=1,清零计数值到 0000H。WDTCNTCL 被自动复位。该位就是喂狗操作。

● 0 无操作;

● 1 WDTCNT=0000H。

⑥ WDTSSEL(位 2) 时钟源选择。

● 0 SMCLK;

● 1 ACLK。

⑦ WDTISx(位 1~0) 间隔选择。时间间隔用来设置 WDTIFG 的标志和/或来产生一个 PUC。简单说就是对时钟的分频进行设置。

● 00 安全装置时钟源 /32 768;

● 01 安全装置时钟源 /8192;

● 10 安全装置时钟源 /512;

● 11 安全装置时钟源 /64。

总结以上寄存器配置,按照配置的先后顺序考虑。首先考虑是否要 WDT 工作(配置 WDTHOLD),然后是配置成看门狗还是定时器(配置 WDTTMSEL),接着考虑选择哪个时钟源及如何分频(配置 WDTSSEL 和 WDTISx),上述配置完成了基本的功能设计。接下来考虑如何配置中断(WDTNMIES 和 WDTNMI)和如何对定时器(本质就是计数器)清零操作(配置 WDTCNTCL)。在上述思路的指导下,给出以下几个示例代码。

　　示例代码一：配置 WDT 作为定时器，采用 SMCLK 时钟源，对时钟源频率进行 32 768 分频，开启 WDT 定时器中断。

　　分析：WDTHOLD 为 0，WDTTMSEL 为 1，WDTSSEL 为 0，WDTISx 为 00。由于 MSP430 不支持位寄存器，所以需要采用位操作符完成，如下：

```
WDTCTL = 0x5a00 | 0x10
```

msp430g2xx3_wdt_01.c 代码中的写法如下：

```
WDTCTL = WDT_MDLY_32;
```

采用了大量的宏定义模式，其中 WDT_MDLY_32 定义如下：

```
enum {
    WDTIS0     = 0x0001,
    WDTIS1     = 0x0002,
    WDTSSEL    = 0x0004,
    WDTCNTCL   = 0x0008,
    WDTTMSEL   = 0x0010,
    WDTNMI     = 0x0020,
    WDTNMIES   = 0x0040,
    WDTHOLD    = 0x0080
};
#define WDTPW                  (0x5A00u)
/* WDT is clocked by fSMCLK (assumed 1MHz) */
#define WDT_MDLY_32  (WDTPW + WDTTMSEL + WDTCNTCL)     /* 32ms interval (default) */
```

上述写法易于维护和识别，读者可借用这样的代码来实现自己的功能。下面的代码比较完整。

```
void main(void)
{
    WDTCTL = WDT_MDLY_32;              // 看门狗 30 ms 醒一次
    IE1 |= WDTIE;                      // 打开 WDT 看门狗中断
    P1DIR |= 0x01;                     // P1.0 为输出引脚
    _BIS_SR(LPM0_bits + GIE);          //进入 LPM0 模式,打开中断
}

// Watchdog Timer interrupt service routine
#pragma vector = WDT_VECTOR
__interrupt void watchdog_timer(void)
{
    P1OUT ^= 0x01;                    // 翻转 P1.0
}
```

　　在代码中，设置 WDT 为定时器模式，并产生一个 WDT 中断。主程序在配置后进入低功耗模式(LPM0)，只有中断唤醒可以改为低功耗模式，中断执行后重新进入低功耗模式，类似于 51 单片机的 while(1) 死循环，但功耗低了。本实例也与

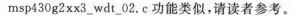

msp430g2xx3_wdt_02.c 功能类似,请读者参考。

示例代码二:参考"最简单"的测试看门狗代码(msp430g2xx3_wdt_04.c),如下:

```
void main(void)
{
    P1DIR |= 0x01;                  // P1.0 为输出引脚
    P1OUT ^= 0x01;                  // 翻转 P1.0
    _BIS_SR(LPM4_bits);             // 停止所有时钟
}
```

其中,WDTCTL 寄存器采用了默认配置(复位后配置),配置参数如下:

● WDTHOLD 为 0,表示启动 WDT 功能;

● WDTTMSEL 为 0,表示设置为看门狗模式;

● WDTSSEL 为 0,表示使用 SMCLK 时钟源;

● WDTISx 为 00,表示 32 768 分频。

即当 MSP430 上电后,默认为启动了看门狗功能,且使用 SMCLK 时钟源。读者应仔细分析 LPM4 功耗模式下的时钟管理规则,因为看门狗使用 SMCLK 时钟源,所以该时钟源不会在 LPM4 模式下关闭。整个程序执行后进入 LPM4 模式,当看门狗时间到了,因为没有"喂狗",迫使 MSP430 复位,重新执行程序,进而控制 P1.0 口输出信号反转。

上面的示例说明,如果不想使用看门狗功能,那么在程序开始前关闭它。下面这条语句在很多 MSP430 代码中都能看到:

```
WDTCTL = WDTPW + WDTHOLD;          //关闭看门狗
```

表示关闭看门狗功能。

示例代码三:在示例代码二基础上进行"喂狗"操作,避免出现唤醒狗的动作。

```
void main(void)
{
    P1DIR |= 0x01;                  //P1.0 为输出引脚
    P1OUT ^= 0x01;                  //翻转 P1.0
    ……                             //正常的功能代码
    While(1)
    {
        ……                         //正常的功能代码
        WDTCTL |= WDTCNTCL;         //喂狗
    }
}
```

上面的设计是模拟加入实际功能代码后(如死循环处理),在适当的位置进行"喂狗"操作。"喂狗"的时间间隔不能超过配置的时间,否则就是"喂狗"失败。作者提出

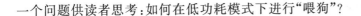

一个问题供读者思考:如何在低功耗模式下进行"喂狗"?

7.2　系统复位与初始化功能

在数据手册 SLAU144J 中讲解了 MSP430 单片机的复位与初始化功能,相对于 51 单片机的系统初始化功能来说,MSP430 就复杂一些。图 7-2 是其功能的电路图,图中右边输出信号是 POR(Power On Reset)和 PUC(Power-Up Clear)和的简称,该信号送入 MSP430 的 CPU 进行处理(无需开发人员参与);图左边是复位与初始化模块的输入(控制)信号,有的信号是来自引脚输入,有的信号是来自 MSP430 内部其他模块产生的输出信号。图中最重要的一个点是方框中的 $\overline{\text{RST}}/\text{NMI}$ 输入引脚,该引脚类似于 51 单片机的复位引脚。

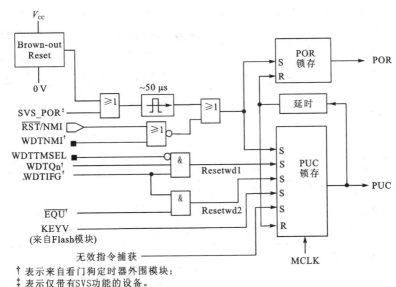

† 表示来自看门狗定时器外围模块;
‡ 表示仅带有SVS功能的设备。

图 7-2　复位与初始化模块电路

读者对于该模块的疑惑可能有以下几点:

① 为什么有 POR 和 PUC 两种不同的复位形式?

② 怎么会有这么多种输入(控制)信号?

③ 这个复位与初始化模块如何影响 MSP430 寄存器初始值以及程序工作?

首先解释 POR 和 PUC,POR 就是系统上电后的复位操作,与想象中的 51 单片机上电复位是一样的。数据手册中这样描述 POR 信号的触发方式和产生的效果:POR 是设备复位。这个复位操作可由三种事件触发产生:系统上电;$\overline{\text{RST}}/\text{NMI}$ 引脚被配置为 RST 模式,且其引脚接入低电平;SVS(供电电压检测模块)产生有效信号。

上述表达可以理解为与 51 单片机的区别仅在于多了一个 SVS 功能。数据手册详细描述了 POR(记住,POR 就是系统复位)对应的系统初始化结果,如下:

① RST/$\overline{\text{NMI}}$引脚被配置为复位模式；

② I/O 引脚都被配置为输入模式；

③ 其他模块对应的寄存器初始值可参见其具体的寄存器描述；

④ SR(状态寄存器)复位；

⑤ 看门狗模块复位成看门狗模式；

⑥ 程序计数器 PC 载入 0xFFFE 处的地址,微处理器从此地址开始执行程序。

对上述描述做一些解释。简单说,当 MSP430 进入复位操作后,直观的理解是程序"从头开始跑",寄存器都复位成"默认"初始值,I/O 引脚都配置成输入口,看门狗工作。重点解释寄存器的复位状态,参看如下寄存器的描述,表 7-1 是作者从数据手册中截取的看门狗寄存器。表格的最右边一栏写着初始状态,可以看出 WDTCTL、IE1、IFG1 寄存器通过 PUC 进行(复位)初始化,至于初始化后的值是多少,数据手册并没有给出答案,这是很奇怪的事情,但在每个寄存器具体说明的地方会有标示,指明初始值是多少。表 7-2 所列为 Timer_A3 寄存器表。表中最右一栏可见其是由 POR 复位,而不是 PUC。如果读者能够深入阅读手册每个章节,仔细观察寄存器说明,就会发现有些寄存器的初始值是在 PUC 后设置,有些则是在 POR 后设置,而且绝大多数寄存器初始值并没有明确给出。这就要求开发者在程序中对需要使用的寄存器进行明确的配置。

表 7-1　看门狗寄存器表

寄存器	简　写	寄存器类型	地　址	初始状态
安全装置定时器+控制寄存器	WDTCTL	读取/写入	0120H	06900H 与 PUC
SFR 中断使能寄存器 1	IE1	读取/写入	0000H	用 PUC 复位
SFR 中断标志寄存器 1	IFG1	读取/写入	0002H	用 PUC 复位*

* 用 POR 复位 WDTIFG。

表 7-2　Timer_A3 寄存器表

寄存器	简　写	寄存器类型	地　址	初始状态
Timer_A 控制	TACTL	读取/写入	0160H	用 POR 复位
Timer_A 计数器	TAR	读取/写入	0170H	用 POR 复位
Timer_A 捕捉/比较控制 0	TACCTL0	读取/写入	0162H	用 POR 复位
Timer_A 捕捉/比较 0	TACCR0	读取/写入	0172H	用 POR 复位
Timer_A 捕捉/比较控制 1	TACCTL1	读取/写入	0164H	用 POR 复位
Timer_A 捕捉/比较 1	TACCR1	读取/写入	0174H	用 POR 复位
Timer_A 捕捉/比较控制 2	TACCTL2*	读取/写入	0166H	用 POR 复位
Timer_A 捕捉/比较 2	TACCR2*	读取/写入	0176H	用 POR 复位
Timer_A 中断矢量	TAIV	只读	012EH	用 POR 复位

* 像 MSP430F20xx 和其他器件一样,MSP430 器件上没有 Timer_A2。

上面讲解了 POR 的内容,尤其是寄存器复位状态描述。下面描述 PUC 功能。

PUC 是上电清零的意思,当发生 PUC 时,MSP430 也处于复位状态,在该复位状态下,程序也会"从头开始跑",相关寄存器将清零复位,但在数据手册中并没明确描述如同 POR 一样的复位内容。

PUC 动作的触发可从图 7 - 2 看出来,这不是描述重点。为什么要设计 PUC 呢? 作者的理解是,在单一的系统复位操作基础上实现多层次复位操作,实现一些简单的异常处理机制,避免"一刀切"的异常情况(即触发复位)。参考图 7 - 2 中 PUC 的触发源,如看门狗的 EQU、Flash 操作的 KEYU 或者指令异常等,这些触发源也应该迫使系统复位,但在一些关键寄存器因设计需要并不能进行复位(初始化)。图 7 - 2 以及数据手册明确表达了当 POR 产生后,会触发 PUC 动作,其本意就是 POR 涵盖了 PUC 的动作,但 PUC 不能涵盖 POR。

开发者了解上述功能即可,在实际开发中并不需要过多关注此模块的使用界限,因为手册中明确列出了对软件初始化的要求,其建议"初始化 SP;配置看门狗工作模式;配置所需使用寄存器的初始值"。其中,初始化 SP 是无需开发者考虑的,其他的初始化操作是正常程序配置操作。

7.3　SVS 和 Brown-out Reset

SVS 与 Brown-out Reset 是 MSP430 不同的功能模块,但都具备对电源的监测功能。其中 SVS(System Voltage Supervisor)用于监测 MSP430 的 AV_{CC}(模拟电源)或者外部其他电源,Brown-out Reset 则是对 MSP430 电源的监测。图 7 - 3 中的虚线框部分是 Brown-out Reset 电路图,图 7 - 4 是 Brown-out Reset 的电压监测时序图。可以看出,Brown-out Reset 会检测电源电压升压和降压两个区域。在电源上电瞬间,当电压超过指定 V_{CC}(start)后,就产生一个高电平触发信号,并持续一段时间;当电源掉电低于 $V_{(B\_IT-)}$ 之后,产生一个同样的高电平触发信号,并持续一段时间。比较图 7 - 5 可见,产生的高电平信号将最终控制 POR 动作,进而产生系统复位。

总结上述过程,可认为 Brown-out Reset 是对 MSP430 电源的监测,能够在电源上电和掉电(关电)瞬间产生系统 POR 复位操作。

Brown-out Reset 电源监测属于系统复位电路模块的一部分,专注于对 MSP430 的(供电)电源监测,而 SVS 是 MSP430 的单独功能模块,用于对 AV_{CC} 或者其他外部电源的监测,图 7 - 5 是该模块的电路图。从该图左边可以看到 SVSIN 输入,该输入即为外部电压信号。SVSIN 与 AV_{CC} 都进入抉择器(16 选 1),输出信号进入比较器(与 1.2 V 比较),最终控制 POR 动作。

忽略电路其他部分原理分析,关注图 7 - 5 的下部寄存器配置,可通过寄存器来实现对抉择器的控制。

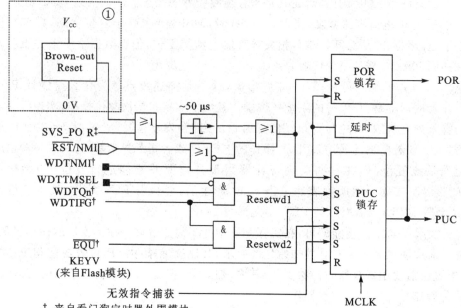

† 来自看门狗定时器外围模块;
‡ 仅带有SVS功能的设备。

图 7 - 3　Brown-out Reset 在复位电路中的位置

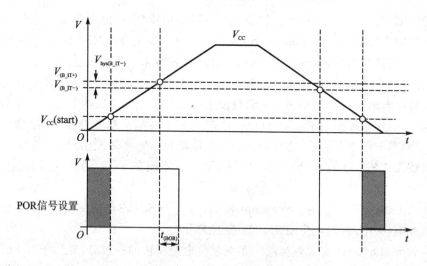

图 7 - 4　Brown-out Reset 的电压监测时序图

下面描述寄存器的功能,如图 7 - 6 所示。

参照图 7 - 7 电路图可知 VLDx 用于控制输入电压(SVSIN 和 AV_{CC})以及分压选择。

VLDx(位 7~4)　电压电平检测这些位打开 SVS 并选择标称 SVS 阈值电压电平。

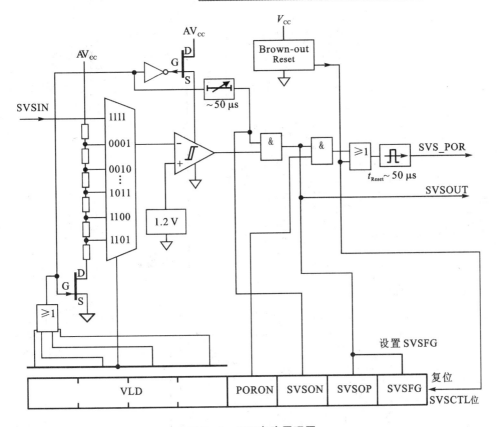

图 7-5　SVS 电路原理图

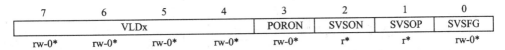

7	6	5	4	3	2	1	0
VLDx				PORON	SVSON	SVSOP	SVSFG
rw-0*	rw-0*	rw-0*	rw-0*	rw-0*	r*	r*	rw-0*

* 只能由一个掉电复位来复位，不能由POR或PUC复位。

图 7-6　SVS 寄存器

0000　SVS 关闭；

0001　1.9 V；

⋮

1101　3.5 V；

1110　3.7 V；

1111　接入外部输入电压 SVSIN。

PORON(位 3)　POR 打开。该位通过使能 SVSFG 标志来引起 POR 器件复位。

0　SVS 不能触发 POR；

1　SVS 能够触发 POR。

SVSON(位 2)　SVS 打开。该位反映了 SVS 的运行状态。

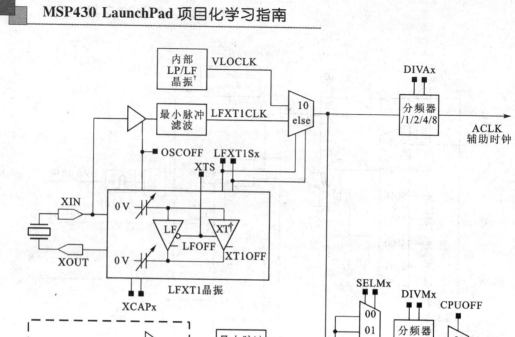

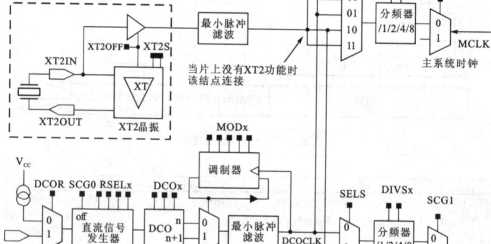

†特定器件的时钟变化。

注：不是所有的MSP430x2xx器件上所有的时钟特性都可用。

图 7 - 7 基本时钟模块电路图

  0 SVS 被关闭；

  1 SVS 被打开。

SVSOP（位 1） SVS 输出。该位反映了 SVS 比较器的输出值。

  0 SVS 比较器的输出是低电平；

  1 SVS 比较器的输出是高电平。

SVSFG（位 0） SVS 标志。该位表示一个低电压状态。在一个低电压状态后 SVSFG 保持置位直到由软件复位。

0　无低电压情况发生；

1　低电压情况出现或已经发生。

对上述寄存器进行简单总结,高 4 位用于配置分压值、通道选择(1111 选择 SV-SIN 通道,0001～1110 用于对 AVcc 分压)和关闭 SVS 功能(0000 用于关闭 SVS 功能);低 4 位用于开关和查询,PORON 控制是否触发 POR 动作,SVSFG 是标志位,需要软件清除;SVSON 和 SVSOP 查询(只读)SVS 是否打开和 SVS 的输出电平。

本节讨论了 MSP430 的 SVS 和 brown-out Reset 功能,可以看出 MSP430 在系统复位功能上做了一些改进,增加了 SVS 电源监测功能,可有助于适当增加对突然掉电的响应。

7.4　基本时钟模块

相对于 51 单片机的简单时钟功能,MSP430 为了实现"超低功耗"效果,采用了多个时钟源方案,本节讲解 MSP430 的时钟模块原理及典型配置应用,图 7-7 是基本时钟模块的电路图。

首先分析图 7-8。仔细观察该图右边,有三个时钟输出分别是 ACLK(辅助时钟)、MCLK(主系统时钟)、SMCLK(子系统时钟)。MCLK 主要用于 MSP430 的 CPU 和系统,ACLK 和 SMCLK 工作于 MSP430 的外围模块。这个设计与 STM32 系列单片机比较类似,但作者认为 MSP430 的时钟功能分配并没有 STM32 的清晰明确。

有一些书描述 MCLK、SMCLK、ACLK 的应用特点,总结为 MCLK 用于 CPU,应将其时钟配置得越高越好,CPU 处理速度越快,功耗就越大,是一个简单的矛盾体;SMCLK 用于需要高速时钟的片内外设,如定时器和 ADC 采样等(当 CPU 休眠时,定时器和 ADC 仍可以工作);ACLK 频率较低,功耗也低,可用于低频时钟片内外设。

作者也基本同意上述观点,在通常应用中基本按照上述观点进行设置。通俗地说,MCLK 尽可能快的频率,在程序设计中为了低功耗,让 CPU 尽快处理响应和睡眠。剩下不能休眠的工作交由 SMCLK 和 ACLK 来"控制"其节奏。

图 7-8 的左半部分从上到下能够看出 4 个时钟振荡器输入模块,分别是:

VLOCLK　　　　超低功耗、12 kHz 低频振荡器;

LFXT1CLK　　　低频/高频振荡器,一般与 32 768 Hz 晶振连接;

XT2CLK　　　　高频振荡器,一般与标准晶振连接;

DCOCLK　　　　内部数控振荡器。

上述 4 种时钟振荡器与 3 种时钟输出的关系如图 7-8 所示。为了表达简单明了,该图与图 7-7 在 MCLK 时钟源输入关系上存在一点误差,还请读者仔细辨别。

在分析了上述知识的基础上如果读者仔细阅读数据手册,并参照 TI 官方提供的几个基本时钟模块示例代码(如 msp430g2xx3_clks.c),会有一种"傻傻"的感觉:为什么数据手册描述的非常复杂,而实际配置如此简单?下面做如下配置设计需求

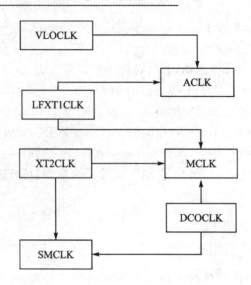

图 7 - 8 时钟输入源与输出源的组合关系

（来源于 msp430g2xx3_clks.c）：配置 P1.0 和 P1.4 第二功能（输出 ACLK 和 SMCLK），配置 P1.1 输出 MCLK 波形。

示例代码如下：

```
void main(void)
{
    WDTCTL = WDTPW + WDTHOLD;              // 关闭看门狗
    P1DIR |= 0x13;                        // P1.0,1 and P1.4 输出引脚
    P1SEL |= 0x11;                        // P1.0,4 ACLK, SMCLK 输出引脚

    while(1)
    {
        P1OUT |= 0x02;                    // P1.1 = 1
        P1OUT &= ~0x02;                   // P1.1 = 0
    }
}
```

其中，P1SEL |= 0x11 的含义是选择 P1.0、P1.4 第二功能（参考 SLAS735J - APRIL 手册的 I/O 端口功能列表），P1.0 的第二功能是 ACLK 时钟输出，P1.4 的第二功能是 SMCLK 时钟输出。整个程序的思路是配置 P1.0、P1.1、P1.4 为输出口，P1.0 输出 ACLK 时钟信号，P1.4 输出 SMCLK 时钟信号，P1.1 输出"翻转"的信号。那么 ACLK 和 SMCLK、MCLK 时钟究竟输出多少频率信号？其时钟输入源是什么呢？该程序风格就是典型的 TI 官方代码风格，采用了默认配置，即程序上电执行后的默认配置。默认配置是什么？简单地说，ACLK=LFXT1=32768，MCLK=SMCLK=default DCO。

进一步理解对应的寄存器默认配置，与基本时钟模块有关的寄存器有 6 个，其中 2 个是中断相关，4 个控制了 3 个时钟信号的动作，如表 7 - 3 所列。

表 7 - 3 基本时钟模块的寄存器

寄存器	简 表	寄存器类型	地 址	初始状态
DCO 控制寄存器	DCOCTL	读取/写入	056H	060H 与 PUC
基本时钟系统控制 1	BCSCTL1	读取/写入	057H	087H 与 POR†
基本时钟系统控制 2	BCSCTL2	读取/写入	058H	用 PUC 复位
基本时钟系统控制 3	BCSCTL3	读取/写入	053H	005H 与 PUC‡
SFR 中断使能寄存器 1	IE1	读取/写入	000H	用 PUC 复位
SFR 中断标志寄存器 1	IFG1	读取/写入	002H	用 PUC 复位

† 一些寄存器位也被 PUC 初始化。

‡ 在 MSP430AFE2XX 器件中 BCSCTL3 的初始状态是 000H。

图 7 - 9 是将寄存器与 7 - 8 图对应绘制的关系图,再加上寄存器标签都会有如 rw-0(或者 rw-1)的指示,读者可以在初步理解的基础上较顺利地按图索骥进行配置。下面介绍几个较常见的配置模式。

配置模式一:上电默认配置。根据寄存器上电的默认值可知,基本时钟模块上电后的默认配置与 msp430g2xx3_clks.c 程序说明一致,即:

(1) ACK 时钟的输入为 LFXT1(如果接入 32 768 Hz 晶振,则根据默认分频配置(配置为 1 分频)),产生 32 768 Hz 频率输出。

(2) MCLK 和 SMCLK 时钟的输入为 DCO,分频为 1。

(3) 代码设计:无。上电默认配置,参考 msp430g2xx3_clks.c 示例代码。

配置模式二:本书讲述的 LaunchPad 平台使用了 MSP430G2553。该单片机没有外部高频晶振引脚接口,只有低频 32.768 kHz 晶振可接入。因此,MSP430G2553 的 MCLK 和 SMCLK 基本只使用 DCO(也可以使用低频的 32.768 kHz,或者是 VLO),在程序配置上可以形成一系列的模式。

(1) MSP430G2553 的 MCLK 和 SMCLK 配置成 8 MHz,ACLK 配置为 32.768 kHz。

```
DCOCTL = CALDCO_8MHZ;
BCSCTL1 = CALBC1_8MHZ;
//ACLK 的默认配置就是使用外部低频晶振,因此不需要单独配置
```

(2) MSP430G2553 的 MCLK 和 SMCLK 配置成 16 MHz,ACLK 配置为 VLO。

```
DCOCTL = CALDCO_16MHZ;
BCSCTL1 = CALBC1_16MHZ;
BCSCTL3| = LFXT1S1;//配置为内部低频晶振
```

(3) MSP430G2553 的 MCLK 和 SMCLK 配置成 16 MHz,ACLK 配置成 32.768 kHz,且 4 分频。

```
DCOCTL = CALDCO_16MHZ;
BCSCTL1 = CALBC1_16MHZ;
```

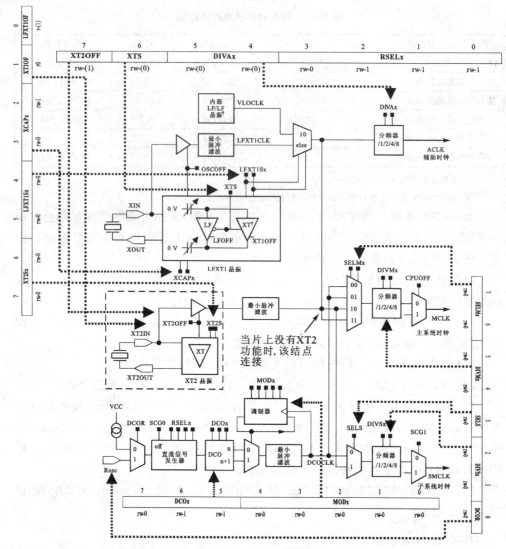

图 7 - 9 控制寄存器与基本时钟模块的对应关系图

```
SCSCTL1 | = DIVA_2;
```

(4) MSP430G2553 的 MCLK 配置成 4 MHz,SMCLK 配置成 2 MHz,ACLK 使用 VLO。

```
DCOCTL = CALDCO_8MHZ;
BCSCTL1 = CALBC1_8MHZ;
SCSCTL2| = DIVM_1 + DIV2_2;
```

上述配置中,CALDCO_8MHZ 和 CALBC1_8MHZ 是调取出厂校准后存储在 Flash 中的参数,参见 msp430g2553.h 中定义,上述配置模式可参见 TI 官方示例代码 msp430g2xx3_dco_calib.c。在基本配置方式后,读者应重点理解寄存器的内容,可参考图 7 - 9 来理解。

本章小结

1. 功耗与频率的关系

　　MSP430 系列单片机标榜的特性之一就是功耗低,读者在阅读 MSP430 手册时会发现在低功耗方面,重点是介绍 MSP430 拥有多层次低功耗模式(LPM0～LPM4),尤其是在 LPM4 模式下能够达到最小的单片机功耗。但在 LPM4 模式下,单片机几乎什么事情都不做,仅仅处于深度睡眠状态。所以 MSP430 系列是通过使单片机进入不同层次的睡眠模式来达到降低功耗的目的。如果单片机处于全速工作状态(没有进入 LPMx 模式),则 MSP430 单片机谈不上低功耗,而且与其他单片机一样,功耗与工作频率成正比关系,即工作频率越高,功耗越大。为了能够实现在进入LPMx 模式下既降低功耗,又可以保持某种工作状态(部分模块工作),MSP430 采取了多种时钟(MCLK、SMCLK、ACLK)工作的形式。

2. 频率与供电电压的关系

　　可参考图 7 - 10 所示的电压与频率关系,随着供电电压的不同,MSP430 单片机的最高工作频率不一样。电压越低,系统可支持的工作频率就越低。读者可进行简单的测试,即采用 2 V 左右电压进行供电,同时配置 MCLK 工作频率为 16 MHz,可观察到(如通过程序控制 LED 灯闪烁,或者示波器测量等形式)实际的工作频率远远低于16 MHz。频率与供电电压的关系间接反映了虽然 MSP430 单片机最低供电电压为1.8 V,最高 3.6 V,但在最低电压工作时,系统的工作频率也会被拉下来。低压低频可实现更低的功耗,但为了维持预设的较高工作频率,一般向 MSP430 提供 3.3 V的工作电压。

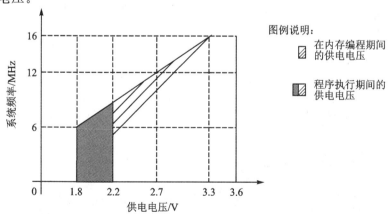

注:最小处理器频率由系统时钟限定。闪存编程或擦除操作需要一个2.2 V的最小V_{cc}。

图 7 - 10　工作频率与供电电压的关系

第三篇　项目开发篇

　　早期的单片机书籍上一般没有类似的项目开发篇的内容，那时买这类书籍特别渴望看到别人提供的项目示例，包括方案、电路原理图和源代码等。不知从什么时候开始，越来越多的单片机书籍上有了很多的项目示例，我想，这也是一种无私的分享吧。本书构思之初，有7个项目可以选用（实际上还有更多的项目），但在编书的过程中，觉得还是删减掉一些比较好，留下几个典型的项目，包括对电机（直流电机、步进电机、舵机）的控制，对 PWM 的深入学习，对红外、超声波的应用等。这些项目的设计与编排都是由作者与所带学生共同完成的，项目功能及技术指标不一定很好，但训练效果较好，可供读者参考使用。

第 **8** 章

直流电机、步进电机、舵机的控制

8.1 项目功能描述

在学习电子技术过程中,使用单片机实现对电机的控制是必修环节之一。电子技术领域一般使用的电机属于小功率电机,包括直流电机、步进电机和舵机等。控制的形式包括对单一电机的多种工作模式控制,对多个电机同时控制等。对电机的控制技术进行训练是单片机编程的基本功之一。该项目是作者布置给学生的基本训练题,该项目的要求是能够通过 LaunchPad 同时控制一个直流电机、一个步进电机和一个舵机,并能够通过按键改变转速和方向等。

8.2 应用技术分析

对于直流电机控制,推荐使用 MSP430 的自带 PWM 对其控制,根据前面的功能分析篇的描述可知,MSP430 最多能通过 PWM 控制 2 路直流电机(注意,模式 4 可以控制 3 路,但不能改变占空比,即转速不能改变)。

对于步进电机,可采用 I/O 端口加上驱动直接控制,其核心是控制好切换的间隔。

对于舵机(往往是一线制),需要通过定时器产生其固定控制频率来实现角度、方向的控制。

在单片机控制电机的基础上,下一步是学习电机驱动的电路设计,在此基础上可以适当接触一些产品化的小电机控制电路和程序分析。

8.3 硬件电路设计

做项目(包括项目练习)开发,首先进行电路原理设计和电路制作(包括利用万能板焊接制作)。电子项目开发一般是从硬件电路设计开始的,通常说硬件决定软件,有什么样的硬件平台就有什么样的软件功能。不懂得如何阅读电路原理图的软件开发人员不是一个合格的程序员。

图 8-1 是该项目基于 LaunchPad 平台可完成电机控制功能的电路原理图,图中较清晰地标明了电路接口等。

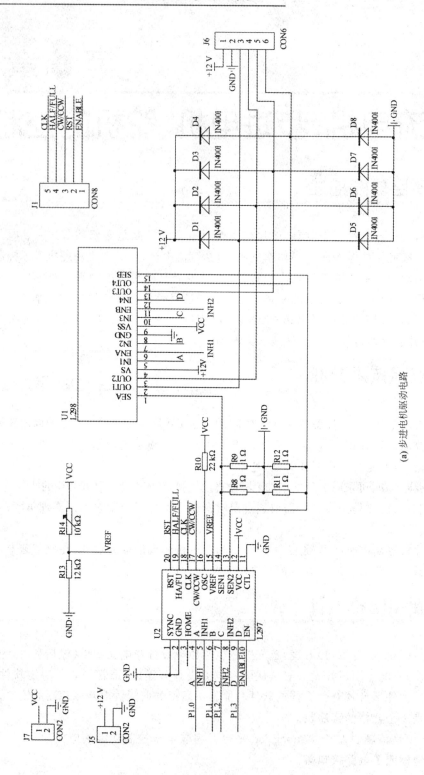

(a) 步进电机驱动电路

图 8－1 电路原理图

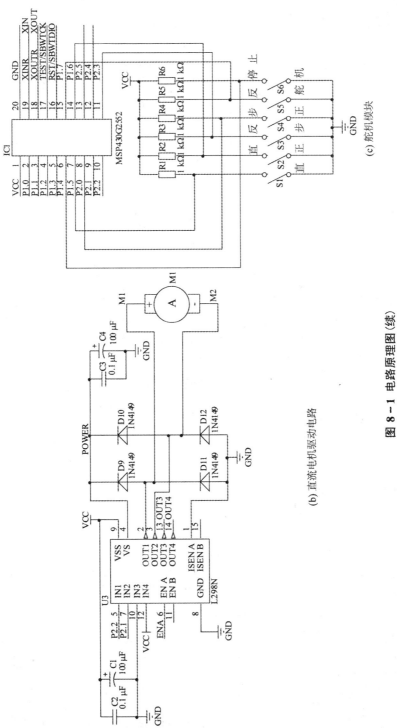

(b) 直流电机驱动电路

(c) 舵机模块

图 8-1 电路原理图 (续)

8.4 程序流程图

图 8-2 所示为程序流程图。

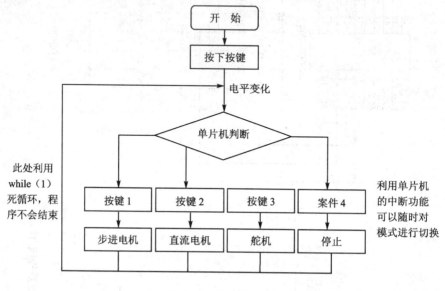

图 8-2 程序流程图

8.5 源程序代码

```
/******************************************
项目名称:电机控制
创建日期:2013-10-20
创建人:
模块功能:实现对直流电机、步进电机、舵机的控制,由按键切换
特别说明:
修改日期:2013-10-20
******************************************/
#include "main.h"                    //main.h 的声明
/******************************************
按键操作说明:
P1.4——停止所有电机工作
P1.5——直流电机工作(正转)
P1.6——直流电机工作(反转)
```

P1.7——舵机工作

P2.3——步进电机(正转)

P2.0——步进电机(反转)

P2.1/P2.2——直流电机

P2.4——舵机

P1.0——步进电机 A

P1.1——步进电机 B

P1.2——步进电机 C

P1.3——步进电机 D
```
***********************************/
/**********************************
```
函数名称:void ding(void)

函数功能:Timer_A 定时器函数

输入参数:

输出参数:

特别说明:1. 定时器使用之前一定要设置好需要的模式

       2. 通过配置不同寄存器,可以设置出很多定时器模式
```
***********************************/
void Timer_A(void)
{
    TA1CTL = TASSEL_2 + MC_3 + TACLR;   //Timer_A采用系统时钟+增计数模式
    TA1CCR0 = 8000;                     //CCR0定时时间设置
    TA1CCTL1 = OUTMOD_6;                //TA1CCR1输出模式选择:PWM 翻转/置位
    TA1CCR1 = 6000;
    TA1CCTL2 = OUTMOD_6;                //TA1CCT2输出模式选择:PWM 翻转/置位
    TA1CCR2 = 6000;
}
/**********************************
```
函数名称:void main(void)

函数功能:程序主函数

输入参数:

输出参数:

特别说明:程序主体
```
***********************************/
void main(void)
{
```

```
WDTCTL = WDTPW + WDTHOLD;                    //关闭看门狗
Timer_A();                                   //TimerA_1 初始化设置
P2DIR |= (BIT1 + BIT2 + BIT4 + BIT5);        //设置 P2.1/P2.2/P2.4/P2.5 为输出模式
P1DIR |= (BIT0 + BIT1 + BIT2 + BIT3);
P1IE |= (BIT4 + BIT5 + BIT6 + BIT7);         //开启 P1.4/P1.5/P1.6/P1.7 中断功能
P1IES &= ~(BIT4 + BIT5 + BIT6 + BIT7);       //设置为上升沿触发中断
P2IE |= (BIT0 + BIT3);
P2IES &= ~(BIT0 + BIT3);
P2SEL |= (BIT1 + BIT2 + BIT4 + BIT5);        //开启 P2.1/P2.2/P2.4/P2.5 第二功能

_EINT();                                     //开启总中断

while(1)
{
switch(moshi)
{
    case 1:                                  //直流电机正转
    {
        P2SEL |= BIT1;                       //打开 P2.1 的第二功能输出 PWM
        P2SEL &= ~(BIT2 + BIT4 + BIT5);      //关闭 P2.2/P2.4/P2.5 的第二功能
        P2OUT &= ~(BIT2 + BIT4 + BIT5);      //使 P2.2/P2.4/P2.5 输出低电平
    }break;
    case 2:                                  //直流电机反转
    {
        P2SEL |= BIT2;                       //打开 P2.2 的第二功能
        P2SEL &= ~(BIT1 + BIT4 + BIT5);
                                             //关闭 P2.1/P2.4/P2.5 的第二功能
        P2OUT &= ~(BIT1 + BIT4 + BIT5);
    }break;
    case 3:                                  //舵机转动
    {
        P2SEL |= BIT4;                       //打开 P2.4 第二功能
        P2SEL &= ~(BIT1 + BIT2 + BIT5);
                                             //关闭 P2.1/P2.2/P2.5 的第二功能
        P2OUT &= ~(BIT1 + BIT2 + BIT5);
    }break;
    case 4:                                  //步进电机转动
```

```
        {
            P2SEL & = ~(BIT1 + BIT2 + BIT4 + BIT5);
                                    //关闭 P2.1/P2.2/P2.4/P2.5 第二功能
            for(i = 0;i<= 8;i++)            //以下是对步进电机的控制循环程序
            {
                P1OUT = dianjiz[i];
                __delay_cycles(30000);        //延时
            }
        P1OUT & = 0x00;                //P1 口进行置零
        }break;
        case 5:
        {
            P2SEL & = ~(BIT1 + BIT2 + BIT4 + BIT5);
            for(i = 0;i<= 8;i++)
            {
                P1OUT = dianjif[i];
                __delay_cycles(30000);
            }
        P1OUT & = 0x00;
        }
        case 0:                    //所有操作停止
        {
            P2SEL & = ~(BIT1 + BIT2 + BIT4 + BIT5);
                                    //关闭 P2.1/P2.2/P2.4/P2.5 第二功能
            P2OUT & = ~(BIT1 + BIT2 + BIT4 + BIT5);
        }break;
        default: break;
        }
    }
}
/*****************************************

函数名称:void Port1()
函数功能:按键中断处理
输入参数:
输出参数:
特别说明:对按键产生高低电平变化进行处理

*****************************************/
```

```
#pragma vector = PORT1_VECTOR
__interrupt void Port1()
{
    if((P1IFG & BIT4) == BIT4)
                                    //判断按键是否按下,P1.4电平是否变化
    {
        moshi = 0;                  //选择停止电机工作
        P1IFG &= ~BIT4;             //清除中断标志位
    }
    if((P1IFG & BIT5) == BIT5)
    {
        moshi = 1;                  //选择直流电机正转
        P1IFG &= ~BIT5;
    }
    if((P1IFG & BIT6) == BIT6)
    {
        moshi = 2;                  //选择直流电机反转
        P1IFG &= ~BIT6;
    }
    if((P1IFG & BIT7) == BIT7)
    {
        moshi = 3;                  //选择舵机工作
        P1IFG &= ~BIT7;
    }
}
/*******************************
函数名称:void Port2()
函数功能:按键中断处理
输入参数:
输出参数:
特别说明:与 void Port1()一致
********************************/
#pragma vector = PORT2_VECTOR
__interrupt void Port2()
{
    if((P2IFG & BIT0) == BIT0)
    {
```

```
    moshi = 5;                              //选择步进电机反转
    P2IFG &= ~BIT0;
}
if((P2IFG & BIT3) == BIT3)
{
    moshi = 4;                              //选择步进电机正转
    P2IFG &= ~BIT3;
}
}
```

8.6　总　结

　　该项目属于实验的项目,本身并没有多大的实用价值,但对于初学者来说,可以通过该项目了解完整的项目开发流程,包括了解和分析项目需求,设计项目的硬件电路原理,制作电路,绘制程序流程图,完成程序编写与调试,最后进行项目总结汇报。

　　该项目由作者所带学生在大一期间学习 MSP430 时按照给定的要求完成的,不是很完美,但可作为学习过程的参考。

第 9 章

超声波测距

9.1 项目功能描述

此项目主要是练习对单片机外围设备的操作,包括 CD4511(数码译码芯片)、数码管、超声波测距模块、语音模块。通过对超声波模块的控制,读取其所测得的数据,由数码管显示。当按键按下触发外部中断时,关闭数码管显示,然后语音播报此时测得的距离值,播报完毕后,数码管继续显示。

由于需要用到较多的单片机资源(包括程序空间和数据空间),项目设计者改用 MSP430F1611 单片机,该单片机属于 MSP430 系列中资源最为丰富的型号之一。由于该项目也属于练习性项目,因此并没有考虑实际的开发成本,相对于项目的需求来说,MSP430F1611 单片机资源过于"富裕",成本也偏高(大概 50 多元一片)。

本项目训练的目的是熟悉对 MSP430 外围连接设备的应用,注重培养阅读芯片数据手册和芯片应用设计的能力。该项目中包括数码驱动芯片(MAX7219)、语音模块等。

9.2 应用技术分析

超声波测距原理:超声波发射器向某一方向发射超声波,在发射的同时开始计时,超声波在空气中传播,途中碰到障碍物立即返回,超声波接收器收到反射波就立即停止计时。超声波在空气中的传播速度为 340 m/s,根据计时器记录的时间 t,就可以计算出发射点距障碍物的距离(s),即 $s=340t/2$。这就是所谓的时间差测距法。

超声波测距原理是利用超声波在空气中的传播速度及测量声波在发射后遇到障碍物反射回来的时间,根据发射和接收的时间差计算出发射点到障碍物的实际距离。由此可见,超声波测距原理与雷达原理是一样的。

测距的公式表示为

$$L = C \times T$$

式中:L 为测量的距离长度;C 为超声波在空气中的传播速度;T 为测量距离传播的时间差(T 为发射到接收时间数值的一半)。

超声波测距主要应用于倒车提醒、建筑工地、工业现场等的距离测量,虽然目前的测距量程能达到百米,但测量的精度往往只能达到厘米数量级。

9.3 硬件电路设计

图 9 - 1 所示为电路原理图。

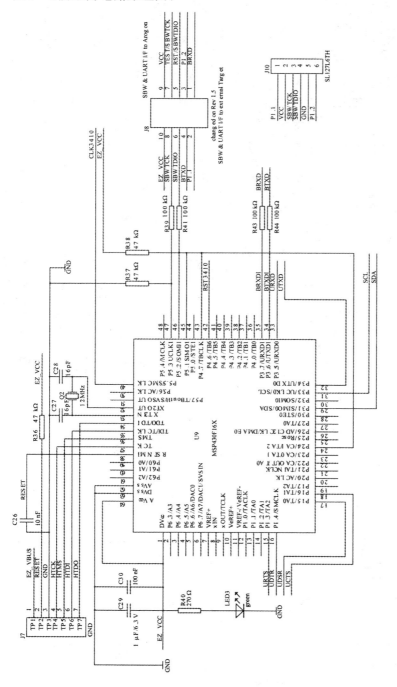

图 9-1 电路原理图

（a）单片机系统模块

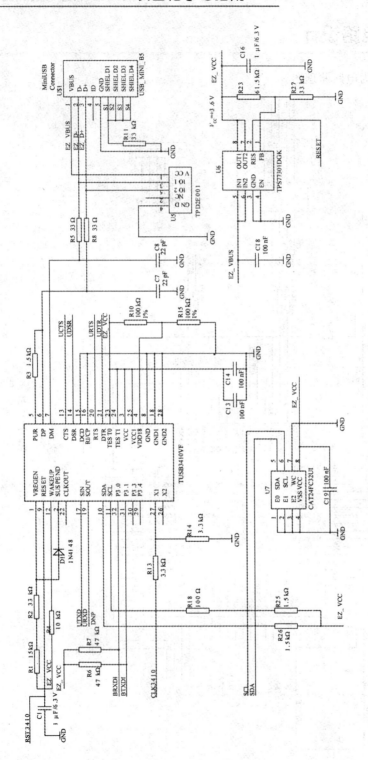

(b) TUSB3410模块

图 9 - 1　电路原理图 (续)

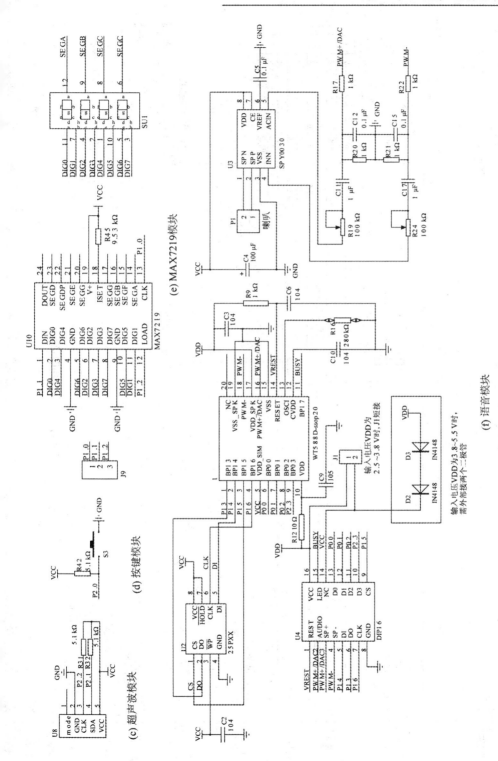

图 9-1　电路原理图(续)

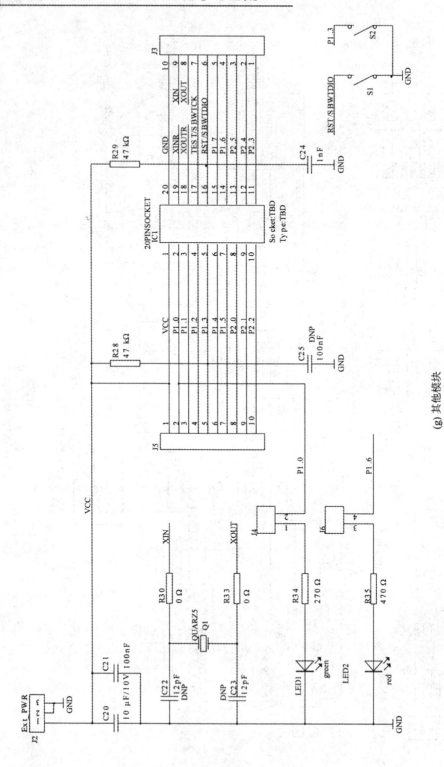

(g) 其他模块

图 9-1 电路原理图 (续)

9.4 程序流程图

图 9 - 2 所示为程序流程图。

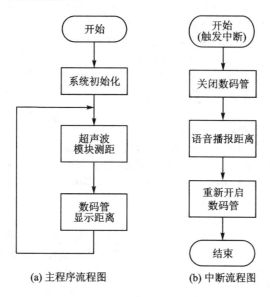

(a) 主程序流程图　　　　(b) 中断流程图

图 9 - 2　程序流程图

9.5 源程序代码

```
/********************************************
项目代号或名称：超声波测距
创建日期：2013 - 09 - 26
创建人：
模块功能：实现对超声波测距模块的控制，并能显示所测距离，同时可语音播报
特别说明：1. 通过 I²C 协议控制超声波模块
         2. 通过 MAX7219 驱动数码管
         3. 通过 WT588D - U 模块播放语音
修改日志：2013 - 11 - 03 修改功能——优化语音播放函数
*********************************************/
#include "CSB_main.h"                    //main.h 的声明


uint8_t disp[4];                          //显示数组，用于数码管显示
/********************************************
P1.0——CLK                                 //MAX7219 时钟位
P1.1——DIN                                 //MAX7219 数据位
```

```
P1.2——LOAD                              //MAX7219 片选位
P2.0——key                               //按键,外部中断
P2.1——SDA                               //超声波模块 I²C 接口
P2.2——SCL
P2.3——DATA                              //语音单总线接口
******************************************/
/*****************************************
```

函数名称:void play_voice(uint8_t addr)

函数功能:向语音模块写入要播报的语音片段的地址,控制语音模块发音

输入参数:addr—需要播报的语音片段的地址

输出参数:

特别说明:1.该通信方式为单总线通信方式

　　　　　2. 高电平持续 600 μs,低电平持续 200 μs 表示 1

　　　　　高电平持续 200 μs,低电平持续 600 μs 表示 0

```
******************************************/
void play_voice(uint8_t addr)
{
    uint8_t i;                          //临时变量
    DATA_0;                             //拉低数据线,初始化
    __delay_cycles(5000);               //延时 5 ms
    for(i = 0;i<8;i++)
    {
        DATA_1;                         //拉高数据线等待数据传输
        if(addr&0x01)                   //判断该位的数据是 1 还是 0
        {
            __delay_cycles(600);        //延时 600 μs
                DATA_0;
            __delay_cycles(200);        //延时 200 μs
        }
        else
        {
            __delay_cycles(200);        //延时 200 μs
                DATA_0;
            __delay_cycles(600);        //延时 600 μs
        }
        addr>>=1;
    }
    DATA_1;                             //通信完毕,拉高数据线
}

/*****************************************
```

函数名称:void display(uint16_t range)

函数功能:处理超声波模块所读得的数值,并显示

输入参数:range—距离值

输出参数:

特别说明:

```
 *****************************************/
void display (uint16_t range)
{
    uint16_t i;                          //临时变量
    disp[0] = range % 10;
                        //将从超声波模块读取的数值进行处理,并放入显示数组中
    disp[1] = (range % 100)/10;
    disp[2] = (range % 1000)/100;
    disp[3] = range/1000;

    for(i = 0; i < 4; i++)               //循环向 MAX7219 写入数据
    {
        Write_7219(i + 1,disp[i]);   //显示数值,MAX7219 第一位地址为 0x01,故为 i + 1
    }
}
/ ******************************************
函数名称:void main( void )
函数功能:程序主函数
输入参数:
输出参数:
特别说明:主函数进行频率的校准,各个时钟的选择,对中断进行设置,设置输入/输出引脚
/ ******************************************
void main(void)
{
    WDTCTL = WDTPW + WDTHOLD;             //关闭看门狗
    DCOCTL  = CALDCO_1MHZ;               //设置时钟频率 1 MHz
    BCSCTL1 = CALBC1_1MHZ;               //对频率 1 MHz 进行校正
    BCSCTL2 = SELM_1;                    //时钟源选择 DCOCLK

    PIN_Init_voice();                    //I/O 口初始化
    PIN_Init_shumaguan();
    P2IE | = BIT0;                       //打开 P2.0 外部中断
    P2IES | = BIT0;                      //设置触发方式为下降沿
    Init_7219();                         //MAX7219 初始化
    Init_csb();                          //初始化超声波模块

    _EINT();                             //开总中断

    while(1)
```

```
          {
              display(read_distance(0xe8,0xb0));        //读取超声波模块测得的值并显示读取
                                                         //的距离值,单位 mm
          }
      }
```

```
/ * * * * * * * * * * * * * * * * * * * * * * * * * * * * * * * * * * *
```

函数名称:void PORT_2(void)

函数功能:按键按下时,语音播报当前所测距离值

输入参数:

输出参数:

特别说明:1. 通过按键触发外部中断

　　　　　2. 语音播报过程中,关闭数码管显示功能

　　　　　3. 语音地址:0 1 2 3 4 5 6 7 8 9 10 11 12 13

　　　　　　　语音内容:0 1 2 3 4 5 6 7 8 9 十百千毫米

　　　　　4.播放类型对应的模式表:

　　　　　0000 000x 00x0 00xx 0x00 0x0x 0xx0 0xxx x000 x00x x0x0 x0xx xx00 xx0x

　　　　　xxx0 xxxx

　　　　　0　　1　　2　　3　　4　　5　　6　　7　　8　　9　　10　　11　　12　　13

　　　　　14　 15

```
* * * * * * * * * * * * * * * * * * * * * * * * * * * * * * * * * * /
# pragma vector = PORT2_VECTOR
__interrupt void PORT_2(void)
{
    uint8_t voice_mode = 0;            //存放类型数组中的类型对应的数字(如:0000
                                       //表示第 0 种,1111 表示第 15 种)

    uint8_t i,j;                       //临时变量

//   j = 8;
//
//   for(i = 4; i>0; i--)
//   {
//       if(disp[i-1]! = 0)            //判断每一位是否为 0
//       {
//         voice_mode = voice_mode + j; //j初始值为 8,当千位不为 0 时 voice_mode 加
                                         //8,百位不为 0 时加 4,十位不为零时加 2,个位
                                         //不为零时加 1,最后得出属于第几种模式
//       }
//       j = j/2;                      //位数每向下降一位时,j 都除以 2
//   }

    if(disp[3]! = 0)                   //判断千位是否为零
      {
```

```
    voice_mode | = 0x08;
    }
if(disp[2]! = 0)                          //判断百位是否为零
    {
    voice_mode | = 0x04;
    }
if(disp[1]! = 0)                          //判断十位是否为零
    {
    voice_mode | = 0x02;
    }
if(disp[0]! = 0)                          //判断个位是否为零
    {
    voice_mode | = 0x01;
    }

    switch(voice_mode)                    //判断数据属于第几种类型
    {
    case 0:                               //第 0 种,即 0000 类型时,读"零"
    play_voice(0);                        //读"零"
    __delay_cycles(450000);               //延时,确保语音模块能正常发音
    break;

    case 1:                               //第 1 种,即 000x 类型时,读"x"
    play_voice(disp[0]);                  //读数值
    __delay_cycles(450000);
    break;

    case 2:                               //第 2 种,即 00x0 类型时,读"x 十"
    play_voice(disp[1]);
    __delay_cycles(450000);
    play_voice(10);                       //读"十"
    __delay_cycles(450000);
    break;

    case 3:                               //第 3 种,即 00xx 类型时,读"x 十 x"
    play_voice(disp[1]);
    __delay_cycles(450000);
    play_voice(10);
    __delay_cycles(450000);
    play_voice(disp[0]);
    __delay_cycles(450000);
    break;
```

```
case 4:                                    //第4种,即0x00类型时,读"x百"
play_voice(disp[2]);
__delay_cycles(450000);
play_voice(11);                            //读"百"
__delay_cycles(450000);
break;

case 5:                                    //第5种,即0x0x类型时,读"x百零x"
play_voice(disp[2]);
__delay_cycles(450000);
play_voice(11);
__delay_cycles(450000);
play_voice(0);
__delay_cycles(450000);
play_voice(disp[0]);
__delay_cycles(450000);
break;

case 6:                                    //第6种,即0xx0类型时,读"x百x十"
play_voice(disp[2]);
__delay_cycles(450000);
play_voice(11);
__delay_cycles(450000);
play_voice(disp[1]);
__delay_cycles(450000);
play_voice(10);
__delay_cycles(450000);
break;

case 7:                                    //第7种,即0xxx类型时,读"x百x十x"
play_voice(disp[2]);
__delay_cycles(450000);
play_voice(11);
__delay_cycles(450000);
play_voice(disp[1]);
__delay_cycles(450000);
play_voice(10);
__delay_cycles(450000);
play_voice(disp[0]);
__delay_cycles(450000);
break;
```

```
case 8：
play_voice(disp[3]);
__delay_cycles(450000);
play_voice(12);
__delay_cycles(450000);
break;
```

//第 8 种，即 x000 类型时，读"x 千"

//读"千"

```
case 9：
play_voice(disp[3]);
__delay_cycles(450000);
play_voice(12);
__delay_cycles(450000);
play_voice(0);
__delay_cycles(450000);
play_voice(disp[0]);
__delay_cycles(450000);
break;
```

//第 9 种，即 x00x 类型时，读"x 千零 x"

```
case 10：
play_voice(disp[3]);
__delay_cycles(450000);
play_voice(12);
__delay_cycles(450000);
play_voice(0);
__delay_cycles(450000);
play_voice(disp[1]);
__delay_cycles(450000);
play_voice(10);
__delay_cycles(450000);
break;
```

//第 10 种，即 x0x0 类型时，读"x 千零 x 十"

```
case 11：
play_voice(disp[3]);
__delay_cycles(450000);
play_voice(12);
__delay_cycles(450000);
play_voice(0);
__delay_cycles(450000);
play_voice(disp[1]);
__delay_cycles(450000);
play_voice(10);
```

//第 11 种，即 x0xx 类型时，读"x 千零 x 十 x"

```
__delay_cycles(450000);
play_voice(disp[0]);
__delay_cycles(450000);
break;

case 12:                                    //第12种,即xx00类型时,读"x千x百"
play_voice(disp[3]);
__delay_cycles(450000);
play_voice(12);
__delay_cycles(450000);
play_voice(disp[2]);
__delay_cycles(450000);
play_voice(11);
__delay_cycles(450000);
break;

case 13:                                    //第13种,即xx0x类型时,读"x千x百零x"
play_voice(disp[3]);
__delay_cycles(450000);
play_voice(12);
__delay_cycles(450000);
play_voice(disp[2]);
__delay_cycles(450000);
play_voice(11);
__delay_cycles(450000);
play_voice(0);
__delay_cycles(450000);
play_voice(disp[0]);
__delay_cycles(450000);
break;

case 14:                                    //第14种,即xxx0类型时,读"x千x百x十"
play_voice(disp[3]);
__delay_cycles(450000);
play_voice(12);
__delay_cycles(450000);
play_voice(disp[2]);
__delay_cycles(450000);
play_voice(11);
__delay_cycles(450000);
play_voice(disp[1]);
__delay_cycles(450000);
```

```
        play_voice(10);
        __delay_cycles(450000);
        break;
        case 15:                              //第 15 种,即 xxxx 类型时,读"x 千 x 百 x 十 x"
        play_voice(disp[3]);
        __delay_cycles(450000);
        play_voice(12);
        __delay_cycles(450000);
        play_voice(disp[2]);
        __delay_cycles(450000);
        play_voice(11);
        __delay_cycles(450000);
        play_voice(disp[1]);
        __delay_cycles(450000);
        play_voice(10);
        __delay_cycles(450000);
        play_voice(disp[0]);
        __delay_cycles(450000);
        break;

default:break;
        }
        play_voice(13);                       //读单位:mm
        __delay_cycles(800000);

        P2IFG & = ~BIT0;                      //中断标志位清零
}
# include "iic.h"                             //I²C 协议头文件


/ * * * * * * * * * * * * * * * * * * * * * * * * * * * * * * * * * * *
函数名称:void Start( void )
函数功能:启动 I²C 协议
输入参数:
输出参数:
特别说明:时钟线为高电平时数据线产生一个下降沿表示通信开始
* * * * * * * * * * * * * * * * * * * * * * * * * * * * * * * * * * * * /
void Start(void)
{
        SDA_1;
        SCL_1;
        SDA_0;
        SCL_0;
```

```
}
/ ******************************************
函数名称:void Stop( void )
函数功能:停止 I²C 协议
输入参数:
输出参数:
特别说明:时钟线为高电平时数据线产生一个上升沿,表示通信结束
 ******************************************/
void Stop(void)
{
    SDA_0;
    SCL_1;
    SDA_1;
}
/ ******************************************
函数名称:void IICAck( void )
函数功能:对 I²C 总线产生应答,在连续读取时,每读取 1 字节后执行
输入参数:
输出参数:
特别说明:
 ******************************************/
void IICAck(void)
{
    SDA_0;
    SCL_1;
    SCL_0;
    SDA_1;
}
/ ******************************************
函数名称:void ReceiveAck( void )
函数功能:检查返回应答位,在每写入 1 字节数据后都要检查目标器件是否应答
输入参数:
输出参数:Ack—目标器件的应答
特别说明:
 ******************************************/
uint8_t ReceiveAck(void)
{
    uint8_t Ack = 0;              //存储应答位的标志

    DIR_IN;                       // SDA  方向为输入
    Ack = SDA_IN;                 //读取 SDA 状态
    SCL_1 ;
```

```
    SCL_0 ;
    DIR_OUT;                        //SDA  方向重新还原为输出

  return (Ack);
}
/ * * * * * * * * * * * * * * * * * * * * * * * * * * * * * * * * * *
```
函数名称:void Write_Byte(uint8_t input)
函数功能:向目标器件发送一个字节数据
输入参数:input——发往目标器件的数据
输出参数:
特别说明:数据从高位开始发送
```
 * * * * * * * * * * * * * * * * * * * * * * * * * * * * * * * * * */
void Write_Byte(uint8_t input)
{
    uint8_t i;                      //临时变量

    for(i = 0;i<8;i++)              //循环发送一个字节数据的每一位,从高位开始发送
    {
    if(input&0x80)
    {
      SDA_1;
    }
    else
    {
      SDA_0;
    }

    SCL_1;
                //数据准备完毕后,通过时钟线产生一个高低电平的时钟将数据发送出去
    SCL_0;

    input = input<<1;               //每发送完一位,将数据左移一位
    }
}
/ * * * * * * * * * * * * * * * * * * * * * * * * * * * * * * * * * *
```
函数名称:uint8_t Read_Byte(void)
函数功能:读取一个字节数据
输入参数:
输出参数:output——从目标器件读到的数据
特别说明:数据从高位开始读取
```
 * * * * * * * * * * * * * * * * * * * * * * * * * * * * * * * * * */
uint8_t Read_Byte(void)
```

```
{
    uint8_t i,output = 0;              //i 为临时变量，output 为存放读到的数据，并返回
    DIR_IN;                            //SDA 方向设置为输入
    for(i = 0;i<8;i++)                 //循环读取一个字节数据的每一位
    {
    SCL_1;                             //通过时钟线产生的时钟，使目标器件依次发送数据

    output = output<<1;                //每读一位，左移一次

    if(P2IN&BIT1)
    {
        output = output|0x01;
    }

    SCL_0;
    }
    DIR_OUT;                           //SDA 方向设置为输出
    return(output);                    //返回数据
}
# include "iic.h"                      //I²C 协议头文件
# include "csb.h"                      //超声波模块代码头文件
/********************************
函数名称:void Init_csb()
函数功能:初始化超声波模块工作模式
输入参数:
输出参数:
特别说明:
*********************************/
void Init_csb()
{
    Write_com(0xe8,2,0x75);           //超声波模块电源 6 级降噪
}
/********************************
函数名称:void Write_com(uint8_t address,uint8_t reg,uint8_t command)
函数功能:向指定地址、寄存器发送指令
输入参数:address—地址， reg—寄存器， command—指令
输出参数:
特别说明:用于对超声波模块进行设置
*********************************/
void Write_com(uint8_t address,uint8_t reg,uint8_t command)
{
    Start();                          //开始通信
```

```
    Write_Byte(address);                //写入地址
    if(! ReceiveAck())                  //判断目标器件是否返回应答信号,若无,则延时800 μs
    {
        __delay_cycles(800);
    }
    Write_Byte(reg);                    //写寄存器
    if(! ReceiveAck())
    {
        __delay_cycles(800);
    }
    Write_Byte(command);                //写指令
    if(! ReceiveAck())
    {
        __delay_cycles(800);
    }
    Stop();                             //停止通信
}
/ * * * * * * * * * * * * * * * * * * * * * * * * * * * * * * * * *
函数名称:uint8_t Read_data(uint8_t address,uint8_t reg)
函数功能:向指定地址存放距离值的寄存器读取距离值
输入参数:address—地址,  reg—寄存器
输出参数:rdata—读取的数据
特别说明:接收数据必须跟在探测指令之后,即在读取前,必须写入探测指令
* * * * * * * * * * * * * * * * * * * * * * * * * * * * * * * * * * /
uint8_t Read_data(uint8_t address,uint8_t reg)
{
    uint8_t rdata;                      //存放读取数据的变量

    Start();                            //开始通信
    Write_Byte(address);                //写地址
    if(! ReceiveAck())
    {
        __delay_cycles(800);
    }
    Write_Byte(reg);                    //写寄存器
    if(! ReceiveAck())
    {
        __delay_cycles(800);
    }
    Start();                            //重新从初始位开始,以便读取数据
    Write_Byte(address + 1);            //读取数据的地址为写入地址 +1
    if(! ReceiveAck())
```

```
    {
        __delay_cycles(800);
    }
    rdata = Read_Byte();                    //开始读取,并将数据存入 rdata
    Stop();                                 //停止通信
    return(rdata);                          //返回数据
}
/ * * * * * * * * * * * * * * * * * * * * * * * * * * * * * * * * * *
```
函数名称:void change_i2c_address(uint8_t addr_old,uint8_t addr_new)
函数功能:改变目标器件地址
输入参数:addr_old—器件原地址,addr_new—器件新地址
输出参数:
特别说明:
```
    * * * * * * * * * * * * * * * * * * * * * * * * * * * * * * * * * */
void change_i2c_address(uint8_t addr_old,uint8_t addr_new)
{
    Write_com(addr_old,2,0x9a);            //修改地址第一时序
    __delay_cycles(2);
    Write_com(addr_old,2,0x92);            //修改地址第二时序
    __delay_cycles(2);
    Write_com(addr_old,2,0x9e);            //修改地址第三时序
    __delay_cycles(2);
    Write_com(addr_old,2,addr_new);        //将旧地址替换为新地址
}
/ * * * * * * * * * * * * * * * * * * * * * * * * * * * * * * * * * *
```
函数名称:uint16_t read_distance(uint8_t address,uint8_t command)
函数功能:向指定地址写入探测指令,并读取探测值
输入参数:address—地址,command—探测指令
输出参数:distance—读取的距离值
特别说明:由于写入的探测指令不同,可使超声波模块的探测范围不同,以及在探测过程中
        带温度补偿
```
    * * * * * * * * * * * * * * * * * * * * * * * * * * * * * * * * * */
uint16_t read_distance(uint8_t address,uint8_t command)
{
    uint16_t distance_h = 0;               //距离值的高 8 位
    uint16_t distance_l = 0;               //距离值的低 8 位
    uint16_t distance = 0;                 //距离值
    Write_com(address,2,command);          //向指定地址、寄存器写读取指令(读取指令分
                                           //多种,可实现不同精度的读取)
    __delay_cycles(20000);                 //读取过程最少需 32 ms,这里延时 20 ms,再等
                                           //待时钟线的应答信号
    P2DIR& = ~BIT2;                        //时钟线设为输入
```

```
    while(! (P2IN&BIT2));            //等待应答信号(当超声波模块检测完毕后,会
                                     //产生应答信号)
    P2DIR | = BIT2;                  //时钟线设为输出
    distance_h = Read_data(address,2);//读取该地址寄存器 2 上的高 8 位数据
    distance_h<< = 8;
    distance_l = Read_data(address,3);//读取该地址寄存器 3 上的低 8 位数据
    distance = distance_h + distance_l;
    return distance;                 //返回距离值
}
# include"max7219.h"                 //MAX7219 头文件
/ * * * * * * * * * * * * * * * * * * * * * * * * * * * * * * * * * * * *
函数名称:void Write_7219(uint8_t address,uint8_t dat)
函数功能:向 MAX7219 指定地址写数据
输入参数:address—目标寄存器地址, dat—写向目标地址的数据
输出参数:
特别说明:数据从高位开始发送
* * * * * * * * * * * * * * * * * * * * * * * * * * * * * * * * * * * * /
void Write_7219(uint8_t address,uint8_t dat)
{
    uint8_t i;
    LOAD_0;                          //拉低片选线,选中器件

    for (i = 0;i<8;i ++ )            //发送地址,移位循环 8 次
    {
        if(address&0x80)            //每次取最高位
        {
        DIN_1;
        }
        else
        {
        DIN_0;
        }
        CLK_1;                       //数据准备完毕后,通过时钟线产生一个高低电
                                     //平的时钟将数据发送出去
        CLK_0;
        address<< = 1;               //左移一位,准备下一位数据
    }

    for (i = 0;i<8;i ++ )            //发送数据
    {

        if(dat&0x80)
```

```
{
        DIN_1;
}
else
{
        DIN_0;
}
CLK_1;
CLK_0;
dat<< = 1;                        //左移一位,准备下一位数据
}
LOAD_1;                           //发送结束,上升沿锁存数据
}


/ ***************************************
函数名称:void Init_7219()
函数功能:初始化 MAX7219 的寄存器,设定工作模式
输入参数:
输出参数:
特别说明:
 ***************************************/
void Init_7219()
{
    Write_7219(SHUT_DOWN,0x01);      //开启正常工作模式(0xX1)
    Write_7219(DISPLAY_TEST,0x00);   //选择工作模式(0xX0)
    Write_7219(DECODE_MODE,0xff);    //选用全译码模式
    Write_7219(SCAN_LIMIT,0x07);     //8 只 LED 全用
    Write_7219(INTENSITY,0x0f);      //设置初始亮度为最亮
}
```

9.6 总 结

该项目也是单片机项目训练中比较典型的一个,使用了语音模块(通过 I²C 总线连接)、端口扩展芯片(PCF8574,I²C 总线接口)和超声波模块电路,将单片机与外围环境建立了联系通道。

由于网络发达,网上购物较为方便,很多电子功能模块可以从网上直接购买并拼装起来应用,因此传统意义上通过一个个元器件组装设计开始的电子项目(电路设计和程序设计)可以升级为对模块的应用。虽然减少了开发的工作量,但少不了对模块的内部原理、功能参数、接口的详细了解,这也是电子技术应用者(工程师)需要更加注重锻炼的领域。

第 **10** 章

红外遥控 LED 点阵

10.1　项目功能描述

本项目要实现的是一个可以通过红外"遥控器"控制一个 $3\times3\times3$ 的光立方点阵的多种显示效果。本项目的训练目的是训练 PWM 的较复杂应用,通过 PWM 控制 LED 亮灯,实现较炫的拖尾效果。

本项目的另一个功能是实现红外通信,其本质是红外编解码,利用 38 kHz 的载波将有效数据信息进行传递。

通过该项目的训练,可以在 UART、I²C、SPI 等串口通信的基础上增加一种红外通信,基本能够满足常规的电子设计需要,如果有必要,也可以购买 TI 公司的无线通信模块(基于 NRF24L01),掌握基本的无线通信设计要求。

10.2　应用技术分析

10.2.1　红外通信机制

红外通信,是指利用红外技术实现两点间的近距离保密通信和信息转发。红外通信的基本原理是发送端将基带二进制信号调制为一系列的脉冲串信号,通过红外发射管发射红外信号。在计算机技术发展早期,数据都是通过线缆传输的,线缆传输连线麻烦,需要特制接口,颇为不便。于是后来就有了红外、蓝牙、802.11 等无线数据传输技术。红外通信技术存在好几个红外通信协议,不同协议之间的红外设备不能进行红外通信。

红外通信系统一般由红外发射系统和红外接收系统两部分组成。

发射系统对一个红外辐射源进行调制后发射红外信号,而接收系统用光学装置和红外探测器进行接收,就构成了红外通信系统。

红外线是波长在 700 nm～300 μm 之间的电磁波,其频率高于微波而低于可见光,是一种人眼看不到的光线。目前无线电波和微波已被广泛应用在长距离的无线通信中,但由于红外线的波长较短,对障碍物的衍射能力差,所以更适合应用在需要短距离无线通信场合点对点的直接数据传输。

红外通信利用 950 nm 近红外波段的红外线作为传递信息的媒体,即通信信道。发送端采用不同的调制方式,将二进制数字信号调制成某一频率的脉冲序列,并驱动红外发射管以光脉冲的形式发送出去。接收端将接收到的光脉冲转换成电信号,再经过放大、滤波等处理后送至解调电路进行解调,还原为二进制数字信号后输出。

10.2.2　调制与解调

红外发射器和红外接收器之间传输的数据是模拟信号,但是 MCU 处理的都是数字信号,那如何进行模拟信号与数字信号之间的转换呢? 这是红外传输中的一个关键问题。调制的作用就是将数字信号转换成模拟信号:调制是一种将信号注入载波,以此信号对载波加以调制的技术,以便将原始信号转变成适合传送的电波信号,常用于无线电波的广播与通信、利用电话线的数据通信等方面。

调制的种类很多,分类方法也不一致。按调制信号的形式可分为模拟调制和数字调制。用模拟信号调制称为模拟调制;用数据或数字信号调制称为数字调制。按被调信号的种类可分为脉冲调制、正弦波调制和强度调制等。调制的载波分别是脉冲、正弦波和光波等。正弦波调制有幅度调制、频率调制和相位调制三种基本方式,后两者合称为角度调制。此外还有一些变异的调制,如单边带调幅、残留边带调幅等。脉冲调制也可以按类似的方法分类。此外还有复合调制和多重调制等。不同的调制方式有不同的特点和性能。这里主要介绍脉冲码调制(Pulse Code Modulation,PCM)的相关内容,脉冲码调制是一种常用的调制方法,主要有如下几种编码方式。

1. 双相编码(Bi Phase Coding)

在每一个周期中,信号都会有一个上升沿或者下降沿。上升沿表示数字信号 1,下降沿表示数字信号 0,如图 10-1 所示(图中灰色部分表示脉冲信号,下同)。

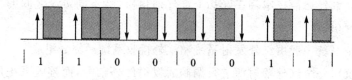

图 10-1　双向编码

2. 脉距编码(Pulse Distance Coding)

顾名思义,脉距编码表示利用脉冲与脉冲之间的距离不同进行编码。每个脉冲含有相同的长度,但是脉冲和脉冲之间的时间间隔不同,通过脉冲不同的时间间隔来表示 0 和 1,如图 10-2 所示。

图 10-2　脉距编码

3. 脉长编码(Pulse Length Coding)

这种编码方式中,不同的脉冲,其长度是不一样的,根据脉冲长度的不同来表示 0 和 1,如图 10-3 所示。

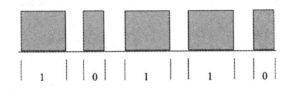

图 10-3　脉长编码

解调是将模拟信号转变成数字信号的过程,是调制的逆过程,从携带消息的已调信号中恢复消息的过程。与调制的分类相对应,解调可分为正弦波解调(有时也称为连续波解调)和脉冲波解调。正弦波解调还可再分为幅度解调、频率解调和相位解调,此外还有一些变种,如单边带信号解调、残留边带信号解调等。同样,脉冲波解调也可分为脉冲幅度解调、脉冲相位解调、脉冲宽度解调和脉冲编码解调等。对于多重调制需要配以多重解调。

10.2.3　红外传输协议

通常,红外信号的载波频率在 30~56 kHz 之间,有 30 kHz、33 kHz、36 kHz、36.7 kHz、38 kHz、40 kHz、56 kHz 和 455 kHz。除了编码方式和载波频率,不同红外传输协议的数据格式也有很大差异。常用的红外传输协议有 Toshiba Micom Format、Sharp Code、RC5 Code、R-2000 Code 等。

下面介绍两种常见的红外传输协议。

1. RC5 码

RC5 是一种常用的红外传输协议。它使用双相编码方式，其载波频率为 36 kHz。每帧数据的开始由两个起始位和一个触发位（toggle bit）构成。每个数据帧包含 5 位地址码和 6 位命令码。每一位数据中有半个周期内没有信号，另外半个周期有 36 kHz 的脉冲（32 个脉冲）。

RC5 编码中的每个脉冲信号都是由若干个载波组成的，如图 10 - 4 所示。由于是一个 36 kHz 的载波频率，所以一个周期是 27.8 μs。在这 27.8 μs 的时间里有一段时间发送红外信号，有一段时间是不发送红外信号的，这样就构成了一个载波。图 10 - 5 就是一个使用 RC5 协议的载波信号示意图。

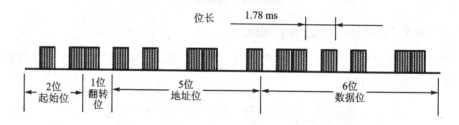

图 10 - 4　RC5 编码

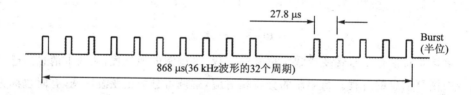

图 10 - 5　RC5 载波示意图

使用这种传输协议的发送器，如果有按键一直按下，那么每隔 114 ms 会重复发送一次数据。

2. NEC 码

NEC 码的载波频率是 38 kHz，编码方式是脉冲位置调制（Pulse Position Modulation，PPM）。NEC 编码如图 10 - 6 所示。

0.56 ms 的高电平和 0.56 ms 的低电平表示数字信号 0，0.56 ms 的高电平和 1.12 ms 的低电平表示数字信号 1。高电平表示连续发送 38 kHz 频率的波形，低电平表示不发送 38 kHz 波形。图 10 - 6 显示了 0.56 ms 高电平和 0.56 ms 低电平，以及"0"与"1"的编码。

NEC 码的载波是 38 kHz,也就是 26.3 μs 为一个周期;与 RC5 不同的是,其中只有 8.77 μs 是有红外信号发射的,其余的时间是没有发射红外信号的。它的载波格式如图 10 - 7 所示,一次完整的发送过程如图 10 - 8 所示。

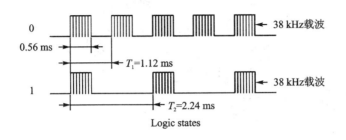

图 10 - 6　NEC 编码

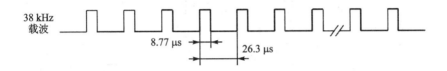

图 10 - 7　NEC 载波(38 kHz)

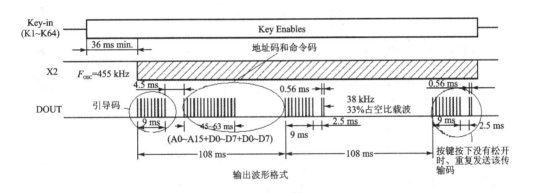

图 10 - 8　NEC 编码发送过程示意图

从图 10 - 8 中可以看出,NEC 码的每一帧数据都有 9 ms 的高电平和 4.5 ms 的引导码。使用这种传输协议的发射器,在按着同一个按键不放的情况下,是不会重复发送数据的,而是每隔 108 ms 发送一次引导码。

10.3　硬件电路设计

图 10 - 9 所示为电路原理图。

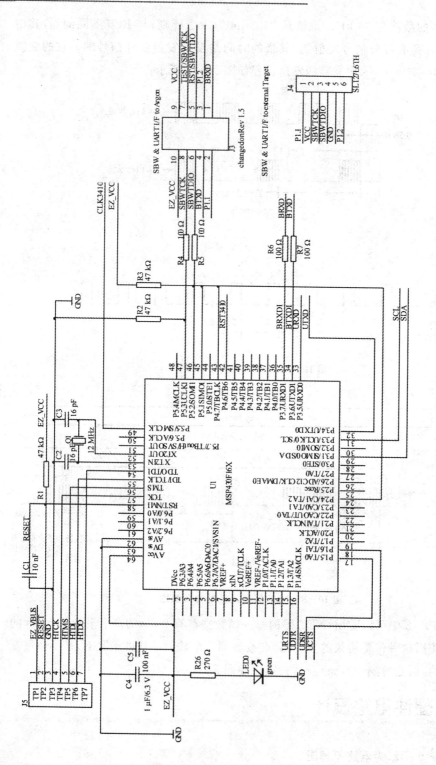

（a）单片机模块

图 10—9　电路原理图

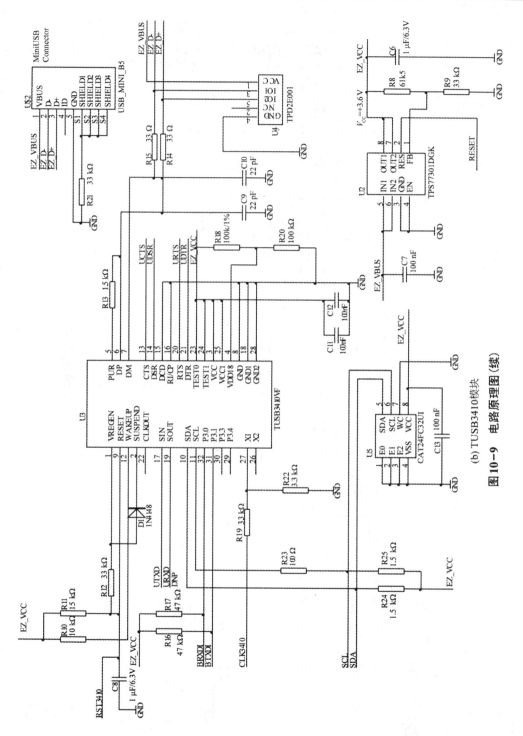

(b) TUSB3410模块

图 10—9　电路原理图(续)

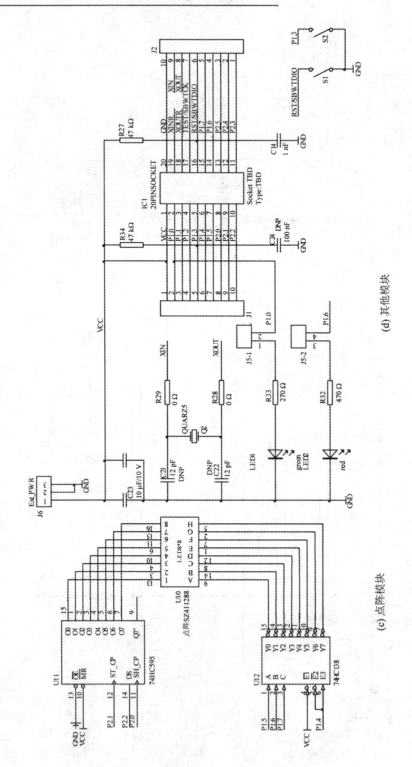

(c) 点阵模块

(d) 其他模块

图 10-9　电路原理图（续）

10.4　程序流程图

图 10-10 和图 10-11 分别为相关的程序流程图。

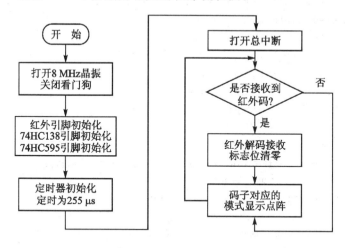

图 10-10　主程序流程图

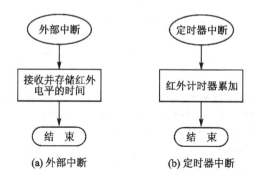

图 10-11　中断程序流程图

10.5　源程序代码

```
/*******************************************
项目代号或名称:红外遥控点阵
创建日期:2013 - 09 - 22
创建人:
模块功能:实现红外控制点阵显示,由按键切换各种模式
修改日期:2013 - 11 - 20
*******************************************/
#include "msp430g2553.h"
```

```
#include "INTRINSICS.h"
#include "stdint.h"
/* HC595 引脚定义 */
#define HC595_pin_init P2DIR | = (BIT0 + BIT1 + BIT2);
/*************对 HC595 引脚输出定义*************/
#define HC595_SHCP_1 P2OUT | = BIT0;
#define HC595_SHCP_0 P2OUT & = ~BIT0;
#define HC595_STCP_1 P2OUT | = BIT1;
#define HC595_STCP_0 P2OUT & = ~BIT1;
#define HC595_DS_1   P2OUT | = BIT2;
#define HC595_DS_0   P2OUT & = ~BIT2;


/*************lS138 引脚定义*************/
#define LS138_pin_init P1DIR | = ( BIT4 + BIT5 + BIT6 + BIT7);
#define ls138_EN_1 P1OUT | = BIT4;
#define ls138_EN_0 P1OUT & = ~BIT4;


/*************显示数组*************/
uint8_t data_arrow[] = {0x00,0x00,0x18,0x3c,0x5a,0x18,0x18,0x00};
                                                        //箭头
uint8_t data_love[] = {0x00,0x66,0x99,0x81,0x81,0x42,0x24,0x18};
                                                        //爱心
uint8_t data_grass[] =
{
    0x00,0x38,0x44,0x03,0x0e,0x32,0x44,0x18,     //小草 1
    0x00,0x00,0x38,0x47,0x06,0x0a,0x32,0x44,     //小草 2
    0x00,0x00,0x0c,0x33,0x46,0x1c,0x24,0x48,     //小草 3
    0x00,0x00,0x38,0x47,0x06,0x0a,0x32,0x44,     //小草 2
    0x00,0x38,0x44,0x03,0x0e,0x32,0x44,0x18,     //小草 1
    0x30,0x4c,0x02,0x07,0x3a,0x44,0x18,0x20,     //小草 4
    0x00,0x38,0x44,0x03,0x0e,0x32,0x44,0x18,     //小草 1
    0x00,0x00,0x38,0x47,0x06,0x0a,0x32,0x44,     //小草 2
    0x00,0x38,0x44,0x03,0x0e,0x32,0x44,0x18,     //小草 1
    0x00,0x00,0x00,0x00,0x00,0x00,0x00,0x00,     //黑屏,表示一次显示完毕
};
uint8_t data_wind_wheel[] =
{
    0x08,0x04,0x64,0x98,0x19,0x26,0x20,0x10,     //风车
    0x10,0x08,0x08,0x79,0x9e,0x10,0x10,0x08,
    0x20,0x10,0x11,0x1e,0x78,0x88,0x08,0x04,
    0x40,0x21,0x26,0x18,0x18,0x64,0x84,0x02,
    0x02,0xc6,0x64,0x18,0x18,0x26,0x63,0x40,
```

```
        0x04,0x08,0x88,0x78,0x1e,0x11,0x10,0x20,
        0x08,0x10,0x10,0x9e,0x79,0x08,0x08,0x10,
        0x10,0x20,0x26,0x19,0x98,0x64,0x04,0x08,
        0x20,0x42,0x25,0x18,0x18,0xa4,0x42,0x04,
        //0x00,0x00,0x00,0x00,0x00,0x00,0x00,0x00,
        //0x00,0x00,0x00,0x00,0x00,0x00,0x00,0x00,
};
uint8_t data_face[] =
{
        0x7e,0x81,0xa9,0x85,0x85,0xa9,0x81,0x7e,        //笑脸
        //0x00,0x38,0x44,0x82,0x82,0x82,0xfe,0x00,        //D(各数字的阳码)
        //0x0c,0x02,0x3e,0x42,0x42,0x42,0x3c,0x00,        //a
        //0x00,0x00,0x00,0x5f,0x00,0x00,0x00,0x00,        //i
        //0x00,0x02,0x02,0x02,0x02,0x7e,0x00,0x00,        //L
        //0x00,0x2e,0x49,0x49,0x49,0x3b,0x00,0x00,        //S
        //0x00,0x42,0x24,0x08,0x10,0x24,0x42,0x00,        //X
        //0x00,0x00,0x42,0x24,0x18,0x7e,0x00,0x00,        //k
        //0x00,0x02,0x02,0x02,0x02,0x7e,0x00,0x00,        //L
        //0x00,0x00,0x00,0x00,0x00,0x00,0x00,0x00,        //黑屏,表示一次显示完毕
};
uint8_t data_one[] = {0x00,0x02,0x42,0xfe,0x02,0x02,0x00,0x00};
uint8_t data_two[] = {0x00,0x22,0x46,0x4a,0x52,0x22,0x00,0x00};
uint8_t data_three[] = {0x00,0x41,0x49,0x55,0x63,0x00,0x00,0x00};
/*************点阵行扫描数组*************/
uint8_t hang_saomiao[] = {0,1,2,3,4,5,6,7};


/*************红外变量定义区*************/
uint8_t irtime;                                 //时间计数
uint8_t startflag;                              //开始接收标志位
uint8_t bitnum;                                 //位计数
uint8_t irdata[33];                             //位存放区
uint8_t irreceive_ok;                           //标志位接收完毕
uint8_t irpros_ok;                              //标志位接收完毕,1 为接收完毕
uint8_t ircode[4];                              //红外接收码子存放区
/***************************************/
/* 定时器 A1 初始化 */
void timerA1_init()
{
        TA1CTL = TASSEL_2 + MC_1; //
        TA1CCR0 = 2040;                         //定时 255 μs
        TA1CCTL0 |= CCIE;                       //开定时器中断
}
```

```
/ ********************************************
函数名称:hongwai_pin_init()
函数功能:初始化红外接收引脚
输入参数:aa
输出参数:无
返回值:无
******************************************** /
void hongwai_pin_init()
{
    P1DIR &=  ~BIT3;
    P1IES | =  BIT3;
    P1IE | =  BIT3;
    P1IFG &= ~BIT3;
}
/ ********************************************
函数名称:hongwai_decode()
函数功能:解码
输入参数:无
输出参数:无
返回值:无
******************************************** /
void hongwai_decode()
{
    uint8_t k;//
    uint8_t value = 0;
    uint8_t i,j;
    k = 1;
    for(j = 0;j<4;j++ )                         //取 4 字节
    {
    for(i = 0;i<8;i++ )                         //取 8 位
    {
        value = value >>1;                      //向右移位
        if(irdata[k]>6)                         //判断时间
        {
        value = value | 0x80;
        }
        k ++ ;
    }
    ircode[j] = value;                          //读取的码值存到数组中
    }
    irpros_ok = 1;                              //读取完毕标志位
}
```

```c
//unsigned char H_saomiao[] = {};
/*****************************************
函数名称:sendbyte_H(unsigned char aa);
函数功能:输出点阵的点亮的码子
输入参数:aa
输出参数:无
返回值:无
*****************************************/
void sendbyte_H(uint8_t aa)                   //利用 HC595 输出
{
    uint8_t z;
    for(z = 0; z < 8; z++) {                  //循环 8 次移入数据
    HC595_SHCP_0;
    if(aa & 0x01)                             //数据低位送到 HC595 数据线
    {
        HC595_DS_1
    }
    else
    {
        HC595_DS_0;
    }
    HC595_SHCP_1;                             //上升沿输入数据
    aa >>= 1;                                 //右移一位
    }
    HC595_STCP_0;
    HC595_STCP_1;                             //上升沿使数据并行输出
}
/*****************************************
函数名称:Line_selection(unsigned char dat)
函数功能:选择点阵的行
输入参数:dat(dat 的范围为 0~7);其他值无效
输出参数:无
返回值:无
*****************************************/
void Line_selection(uint8_t dat)              //138 行选择
{
    switch(dat)
    {
        case 0: {P1OUT &= ~(BIT5 + BIT6 + BIT7);}break;                    //第一行
        case 1: {P1OUT &= ~(BIT6 + BIT7);P1OUT |= BIT5;}break;            //第二行
        case 2: {P1OUT &= ~(BIT5 + BIT7);P1OUT |= BIT6;}break;            //第三行
        case 3: {P1OUT &= ~(BIT7);P1OUT |= (BIT5 + BIT6);}break;          //第四行
```

```
        case 4： {P1OUT & = ~(BIT5 + BIT6);P1OUT | = BIT7;}break;        //第五行
        case 5： {P1OUT & = ~(BIT6);P1OUT | = (BIT5 + BIT7);}break;     //第六行
        case 6： {P1OUT & = ~(BIT5);P1OUT | = (BIT6 + BIT7);}break;     //第七行
        case 7： {P1OUT | = (BIT7 + BIT5 + BIT6);}break;               //第八行
        default：break;                              //若以上条件均不满足,则跳出 switch
    }
}
/********************************
函数名称:dis_num()
函数功能:显示数字
输入参数:无
输出参数:无
返回值:无
******************************** /
void dis_num()                              //轮流显示 123
{
    uint16_t i, r;                          //定义局部变量
    for(r = 1600; r > 0; r--)               //显示时间
    {

        if(irreceive_ok)                    //判断接收标志位
        {
        hongwai_decode();                   //红外解码
        irreceive_ok = 0;                   //标志位清零

        }
        for(i = 0; i < 8; i++)
        {
            ls138_EN_1;                     //关闭 138,关闭显示
            sendbyte_H(data_one[i]);        //输出箭头信息
            Line_selection(hang_saomiao[i]);//换行

            ls138_EN_0;                     //打开显示
            __delay_cycles(500);            //扫描时间
        }
        if(ircode[3]! = 0xe3)
        {
            break;
        }
    }
    for(r = 1600; r > 0; r--)               //显示时间
    {
```

```
    if(irreceive_ok)
    {
        hongwai_decode();
        irreceive_ok = 0;


    }
    for(i = 0; i < 8; i++)
    {
    ls138_EN_1 ;                         //关闭 138,关闭显示
    sendbyte_H(data_two[i]);             //输出箭头信息
    Line_selection(hang_saomiao[i]);     //换行
    ls138_EN_0 ;                         //打开显示
    if(ircode[3]! = 0xe3)
    {
        break;
    }
    __delay_cycles(500);                 //扫描时间
    }
    if(ircode[3]! = 0xe3)
    {
        break;
    }
}
for(r = 1600; r > 0; r--)                //显示时间
{
    if(irreceive_ok)
    {
        hongwai_decode();
        irreceive_ok = 0;


    }
    for(i = 0; i < 8; i++)
    {
        ls138_EN_1 ;                         //关闭 138,关闭显示
        sendbyte_H(data_three[i]);           //输出箭头信息
        Line_selection(hang_saomiao[i]); //换行
        ls138_EN_0 ;                         //打开显示
        __delay_cycles(500);                 //扫描时间
    }
    if(ircode[3]! = 0xe3)
    {
        break;
```

```
        }
      }
   }
/********************************************
函数名称:dis_arrow()
函数功能:显示"箭头"的图案在点阵上
输入参数:无
输出参数:无
返回值:无
********************************************/
void dis_arrow()                              //显示箭头
{
    uint16_t i, r;                            //定义局部变量
    for(r = 800; r > 0; r--)                  //显示时间
    {
        if(irreceive_ok)
        {
            hongwai_decode();
            irreceive_ok = 0;
        }
        for(i = 0; i < 8; i++)
        {
            ls138_EN_1 ;                      //关闭138,关闭显示
            sendbyte_H(data_arrow[i]);        //输出箭头信息
            Line_selection(hang_saomiao[i]);  //换行
            ls138_EN_0 ;                      //打开显示
            __delay_cycles(1000);             //扫描时间
        }
        if(ircode[3]! = 0xf7)
        {
            break;
        }
    }

}
/********************************************
函数名称:dis_grass()
函数功能:显示"小草"的动态图案在点阵上
输入参数:无
输出参数:无
返回值:无
*/********************************************
```

```
void dis_grass()                                    //小草随风飘
{
    uint16_t h,n,m;
    for(h=0;h<80;h=h+8)
    {
        for(n=0;n<500;n++)                          //闪亮一次的时间控制
        {
        if(irreceive_ok)
        {
            hongwai_decode();
            irreceive_ok=0;
        }
        for(m=0;m<8;m++)
        {
            ls138_EN_1;                             //关闭138,关闭显示
            Line_selection(hang_saomiao[m]);        //换行
            sendbyte_H(data_grass[m+h]);
            ls138_EN_0;                             //打开显示
            __delay_cycles(1000);                   //扫描时间
        }
    }
        if(ircode[3]!=0xa1)
        {
            break;
        }
    }
}
/ * * * * * * * * * * * * * * * * * * * * * * * * * * * * * * * * * * * *
函数名称: dis_arrow()
函数功能: 显示"风车"的动态图案在点阵上
输入参数: 无
输出参数: 无
返回值: 无
 * * * * * * * * * * * * * * * * * * * * * * * * * * * * * * * * * * * * * /
void dis_Wind_wheel()                               //风车
{
    uint16_t h,n,m;
    for(h=0;h<72;h=h+8)                             //逐字闪烁——共72个字符代码 8×9(9行)
    {
      for(n=0;n<500;n++)                            //闪亮一次的时间控制
      {
        if(irreceive_ok)
```

```
            {
                hongwai_decode();
                irreceive_ok = 0;
            }
        for(m = 0;m<8;m++)
            {
                ls138_EN_1 ;                        //关闭138,关闭显示
                Line_selection(hang_saomiao[m]);    //换行
                sendbyte_H(data_wind_wheel[m + h]);
                ls138_EN_0 ;                        //打开显示
                __delay_cycles(1000);               //扫描时间
            }
    }


        if(ircode[3]!  = 0xe7)
            {
                break;
            }
        }
}
/ * * * * * * * * * * * * * * * * * * * * * * * * * * * * * * * * * *
函数名称：dis_smile_face()
函数功能：显示"笑脸"的图案在点阵上
输入参数：无
输出参数：无
返回值：无
 * * * * * * * * * * * * * * * * * * * * * * * * * * * * * * * * * * * * /
void dis_smile_face()                               //笑脸
{
    uint16_t m,r;
      for(r = 800; r > 0; r--)                      //显示时间
        {
        if(irreceive_ok)
            {
                hongwai_decode();
                irreceive_ok = 0;

            }
            for(m = 0;m<8;m++)
            {
                ls138_EN_1 ;                        //关闭138,关闭显示
                Line_selection(hang_saomiao[m]);    //换行
```

```
                sendbyte_H(data_face[m]);
                ls138_EN_0 ;                    //打开显示
                __delay_cycles(1000);
            }
            if(ircode[3]! = 0xf3)
            {
            break;
            }
        }
}
/ * * * * * * * * * * * * * * * * * * * * * * * * * * * * * * * * * * * *
```

函数名称：deal_with_ir()

函数功能：红外按键功能

输入参数：无

输出参数：无

返回值：无

```
 * * * * * * * * * * * * * * * * * * * * * * * * * * * * * * * * * * * * /
void deal_with_ir()
{
    switch (ircode[3])
    {
        case   0xf3:{dis_smile_face();} break;      / * 按键 1 * /      //显示笑脸
        case   0xe7:{dis_Wind_wheel();} break;      / * 按键 2 * /      //显示风车
        case   0xa1:{dis_grass();} break;           / * 按键 3 * /      //显示小草
        case   0xf7:{dis_arrow();} break;           / * 按键 4 * /      //显示箭头
        case   0xe3:{dis_num();} break;             / * 按键 5 * /      //显示数字
        case   0xa5:{} break;                       / * 按键 6 * /      //待开发功能
        case   0xbd:{} break;                       / * 按键 7 * /      //待开发功能
        default:{ls138_EN_1 ;}break;
    }
}
void  main( void )
{
    // Stop watchdog timer to prevent time out reset
    DCOCTL = CALDCO_8MHZ;
    BCSCTL1 = CALBC1_8MHZ;
    WDTCTL = WDTPW + WDTHOLD;
    hongwai_pin_init();
    LS138_pin_init;                       //138 引脚初始化
    HC595_pin_init;                       //595 引脚初始化
    timerA1_init();                       //定时器初始化
    _EINT();                              //打开中断
```

```
        while(1)
        {
            if(irreceive_ok)
            {
                hongwai_decode();
                irreceive_ok = 0;
            }
            deal_with_ir();
        }
}
# pragma vector = TIMER1_A0_VECTOR
__interrupt void Timer_A(void)
{
    // P1OUT ^= BIT0;
    irtime ++ ;                                //计算时间
}
# pragma vector = PORT1_VECTOR
__interrupt void P3_IO(void)
{
    if(startflag)
    {
        if(irtime>32)                          //检测引导码
        {
        bitnum = 0;
        }
            irdata[bitnum] = irtime;
            irtime = 0;
            bitnum ++ ;
        if(bitnum == 33)                       //是否接收结束
        {
        bitnum = 0;
        irreceive_ok = 1;
        }
    }
    else
    {
    startflag = 1;
    irtime = 0;
    }
    P1IFG & = ~ BIT3;
}
```

10.6　总　结

本项目在设计过程中,一度想使用 MSP430 自带的 IrDA 通信机制,但由于项目开发者(学生)没能找到合适的红外编码格式(本项目使用的是 NEC 编码),所以放弃了直接应用 IrDA,改用自制红外发射和接收电路。如果读者有兴趣,可以尝试采用 IrDA 实现。

项目的核心是对 PWM 的应用,代码中的核心算法来源于网上设计方案,学生做了适当的修改。这也是作者一贯推崇的一种学习方法,即尽可能多阅读别人的代码,消化别人的设计方案,"站在巨人的肩膀上能站得更高"。

参考文献

[1] TI. MSP430x2xx 系列用户指南. 2012. HTTP://www.ti.com.cn.

[2] 沈建华,杨艳琴. MSP430 系列 16 位越低功能原理与实践[M]. 北京:北京航空航天大学出版社,2008.

[3] 丁武锋,庄严,周春. MCU 工程师炼成记:我和 MSP430 单片机(从学生到单片机工程师骨干的修炼指南). 北京:机械工业出版社,2013.

[4] 张福才. MSP430 单片机自学笔记. 北京:北京航空航天大学出版社,2011.

[5] 洪利,章扬,李世宝. MSP430 单片机原理与应用实例详解. 北京:北京航空航天大学出版社,2010.

[6] MSP430 社区论坛. http://www.deyisupport.com/question_answer/microcontrollers/msp430/f/55.aspx.

[7] LaunchPad 维客. http://processors.wiki.ti.com/index.php/LaunchPad_Resources? DCMP=launchpad&HQS=LaunchPadWiki.

[8] 德州仪器在线技术支持社区. http://www.deyisupport.com/.

[9] 杨艳,傅强. 从零开启大学生电子设计之路——基于 MSP430 LaunchPad 口袋实验平台. 北京:北京航空航天大学出版社,2014.